PIPER CUB

Hellmut Penner/Frank Herzog

Motor
buch
Verlag

Einbandgestaltung: Luis Dos Santos

Bildnachweis:
Aeroclub Como (1), Archiv Burda (7), ArchivPiper/Peperell (64), Archiv Geiger (3), Archiv Herzog (114), Archiv Thomalla (1), Archiv Scarcel (3), Archiv FSG Schaffhausen (5), Archiv Penner (3), Bollinger (13), Cub Crafters (2), Habersetzer (11), Legend Cub (3), Wag Aero (1).

ISBN 978-3-613-03603-1

Ein Unternehmen der Paul Pietsch-Verlage GmbH & Co. KG

1. Auflage 2013

Sie finden uns im Internet unter
www.motorbuch-verlag.de

Lektorat: Alexander Burden
Innengestaltung: Günther Nord, 69434 Heddesbach
Druck und Bindung: Druck und Medienzentrum Gerlingen, 70839 Gerlingen
Printed in Germany

Inhalt

Der Buschflieger Loni Habersetzer mit seiner speziell für den Einsatz in Alaska ausgerüsteten »High-End« Super Cub. Es zeigt wie aktuell und vielseitig einsetzbar die Cub-Flugzeuge heute sind.

Vorwort und Einführung

Den Flugzeugkonstrukteuren von heute stehen ja nicht nur Rechenschieber und Zeichenbrett zur Verfügung wie in den 20er- oder 30er-Jahren, sofern sie damit überhaupt umgehen könnten, sondern sie sitzen gefüttert mit 3D-Programmen an PC's vor Bildschirmen und können virtuell mit allen erdenklichen Materialien, Schaum- und Faserstrukturen aus Harzen, Kunststoffen und Metallen über Datenbanken jonglieren. Dennoch gelingen ihnen nicht solche epochemachende Würfe, wie dem damals rein zufällig zusammengewürfelten Team von Clarence C. Taylor, William T. Piper und Walter Jamouneau, die mit dem Basisentwurf der E2 den Grundstein zu einem beispiellosen Welterfolg legten. Piper setzte noch eins drauf und schuf auf dieser Basis eines der erfolgreichsten Leichtflugzeug-Unternehmen der Welt, das seit 1937 seinen Namen trägt.

Clarence C. Taylor, dieser »Self-Appointed Aviation-Engineer«, hatte nach nur 30 Jahren Motorluftfahrt seit den Wright'schen Flugversuchen die findige, ja geniale Idee, auf Drängen von William T. Piper ein Flugzeug zu entwickeln, das selbst heute härtesten Kritiken widersteht. Pipers Forderungen waren dabei eigentlich eher konservativ. Er wollte nicht etwa das Flugzeug in Superior-Ausführung, sondern ein Schul- und Reiseflugzeug für den Durchschnittsamerikaner, der sich statt einer Luxus-Limousine oder eines Zweitwagens einfach ein Flugzeug zum Preis einer einfachen Limousine kaufen sollte. Mit seinen Forderungen traf er die Herzen der Menschen, die noch von der Erstüberquerung des Atlantiks durch Charles Lindbergh inspiriert waren und die sich jetzt durch den Kauf eines Flugzeugs die totale Freiheit erhofften. Ein Flugzeug, das obendrein leicht zu fliegen war, keine großen Probleme bereitete und

Die Autoren Hellmut Penner und Frank Herzog

dessen Unterhalt nur unwesentlich teurer als der eines Autos war. Und wenn dann mal ein Teil einen Schaden erlitt, war es problemlos und schnell zu reparieren. Die leichte Wartung fußte nicht zuletzt in der einfachen, aber sehr robusten Konstruktion, die aus einer Rumpf-Stahlrohrgitterkonstruktion und einem abgestrebten, mit Tuch bespannten Holzflügel bestand. Später wurde der Holzflügel nach und nach durch einen Metallholm, Metallrippen und eine Metallnasenbeplankung an den Folgemodellen ersetzt.

Alle Cubs waren Tandemsitzer und besaßen ein robustes wie auch sehr simples Spornrad-Fahrwerk. Es waren aber gerade auch die überragenden Flugeigenschaften, die diesen Flugzeugtyp auszeichneten, dessen Ruf bis heute nichts von seinem Glanz eingebüßt hat und den man in vielen neueren Konstruktionen immer wieder neu zu erfinden versucht und dennoch automatisch auch wieder darauf zurückkommt, was Taylor, Piper und ihr Ingenieur Jamouneau später mit der J3 Cub nach dem ersten Modell, der E2 erfolgreich umsetzten. Die PA-18 Super Cub war der Schlusspunkt der Cub-Baureihe, die mit insgesamt 47.460 Flugzeugen alles übertraf, was es je im Flugzeugbau gegeben hat. Um diese faszinierende Geschichte zu dokumentieren, haben wir viele Archive gewälzt, eine Unmenge an Fotos gesichtet, um dieses Buch zusammenstellen zu können. Ich hoffe, es ist uns gelungen.

Hellmut Penner

Seit über 30 Jahren sind Hellmut Penner und ich ein eingeschweißtes Team. Wir sammelten in diesen vergangenen Jahrzehnten nicht nur reichlich fliegerische Erfahrung, sondern wir bewältigten auch so manche Turbulenzen in der Fliegerei. Als Quereinsteiger habe ich mich, damals wie heute, stets mit den spannendsten Momenten in der Fliegerei beschäftigt und das nicht nur für Magazine, Bücher und Kalender, sondern vor allem auch im eigenen Interesse (siehe: www.aero-art.de). Mit dieser umfassenden Dokumentation über die Piper Cub-Flugzeuge möchten wir nicht nur die Faszination beschreiben mit einem Oldie zu fliegen, sondern auch eines der genialsten und erfolgreichsten Leichtflugzeuge in Bild und Text dokumentieren.

Schon früh faszinierte mich die sowohl genial einfache, als auch sehr vielseitig einsetzbare und robuste Konstruktion der Piper Cub. Auf unzähligen Fotoflügen und auch vielen entspannten Reisen durch die Schweiz und nach Frankreich, habe ich ab Anfang der 90er-Jahre die Vorzüge dieses »Allround-Flugzeuges« schätzen gelernt. Zuerst mit einer gecharterten J3C vom Verein, danach mit der eigenen, günstig erworbenen Super Cub.

In weit mehr als 1000 Flugstunden auf diesem Muster ist die Faszination dafür bis heute geblieben. Die Möglichkeiten des Wasserfliegens, Skifliegens, Bergfliegens erweitern enorm den fliegerischen Horizont. Dies leider weniger bei uns, aber dafür umso mehr im benachbarten Ausland. Das Märchen vom »bösen Spornradflugzeug« kann ich nicht nachvollziehen. Im Gegenteil, ich empfehle jedem engagierten Piloten, sich einmal mit dieser Art des Fliegens zu beschäftigen. Der Funke wird sicherlich überspringen und man wird verstehen, was die Faszination der Piper Cub-Flugzeuge ausmacht.

Der Dank gilt meiner Familie, die meine fliegerische Leidenschaft bis heute mitträgt.

Frank Herzog

Eine gut restaurierte Piper J3, geflogen von Melanie Horn, verdeutlicht die Wertbeständigkeit eines im Original belassenen Flugzeugs.

Eine wechselvolle Geschichte

Alles was mit Piper in den USA zu tun hat, gründet auf englischen Wurzeln. Zwei Namen beschreiben zunächst die Erfolgsgeschichte. Clarence Gilbert Taylor, in England geboren, wollte Flugzeuge bauen und ernannte sich selber 1928 zum Flugzeug-Ingenieur. Sein Bruder bezahlte das unglücklicherweise mit einem der selbstkonstruierten Flugzeuge, der Chummy, mit dem Leben.

Der zweite Mann dieser Geschichte und nachfolgende Namensgeber der weltbekannten Firma Piper war William Thomas Piper, auch Bill genannt. Der später hinzugekommene Ingenieur Walter Jamouneau verpasste der verbesserten Konstruktion von Taylor, der E2 Cub, zunächst einen ersten Schliff und nannte sie J2 Cub. In diesem Kürzel verbarg sich der Anfangsbuchstabe seines Namens. Dies zog sich über eine Zeitspanne von 1928 bis 1937.

William T. Piper, eigentlich Bauingenieur, hatte sich zunächst in verschiedenen Jobs getummelt, bis er durch Zufall das Angebot bekam, sich an einem bis dahin unbekannten Flugzeugbauunternehmen, was sich Taylor Aircraft Corporation, nach dem Namen ihrer Gründer nannte, zu beteiligen. Er stieg mit ganzen 400 Dollar ein. Natürlich erhoffte er sich auch eine Rendite mit dieser Firmenbeteiligung. Die örtliche Handelskammer von Bradford/Pennsylvania hatte an das junge Unternehmen zuvor einen Kredit vergeben. Es war der reine Zufall, dass sie in Piper den Mann sah, der dort über den Umgang mit dem Geld wachen sollte.

Arthur, Clarence Gilbert und Gordon Taylor

William Thomas Piper

Taylor »schwächelte« in der Art seiner Unternehmensführung, insbesondere im Umgang mit dem Kredit, und Piper fürchtete um sein investiertes Geld.

Er war inzwischen zum kaufmännischen Leiter aufgestiegen. Im Laufe der Zeit entwickelten sich Spannungen zwischen den beiden. Piper wollte in der J2 Cub in erster Linie ein Schulflugzeug sehen, während Taylor auf komfortableres Reisen setzte und außerdem nichts von der Tandem-Sitzanordnung hielt, die ihm Piper aufgezwungen hatte.

Piper ließ 1937 nach einigen Eskapaden die Taylor Aircraft Corp. in den Konkurs laufen, weil er unter anderem auch um den Fortbestand des Unternehmens fürchtete. Das verlorene Vertrauen zwischen ihm und Taylor führte schließlich zum Bruch. Die Restmasse der Firma kaufte Piper für 761 Dollar. Taylor ließ sich auszahlen und verließ das vorerst weiter auf seinen Namen lautende Unternehmen.

Auf Pipers Wunsch wurde nach Auslaufen der J2 Cub-Serie das Flugzeug nochmals in Details verbessert und er wählte unter anderem auch einen stärkeren Motor mit 65 PS aus. Damit war die J3 Cub geboren und er firmierte die Firma in Piper Aircraft Company um. 1942 kam es zu einem bedeutenden Militärauftrag der J3 Cub, die unter der militärischen Typbezeichnung L-4 ihre Dienste als Verbindungs-Flugzeug an allen Fronten leistete. Die größten zivilen Aufträge stellten sich jedoch direkt nach dem Krieg ein, weil ein regelrechter Cub-Boom ausgebrochen war. Einen ebenso erfolgreichen Wurf landete man dann später, inzwischen nach Lock Haven umgezogen, mit der PA-18 Super Cub. Ein Flugzeug, das die Grundzüge der J3 Cub trug, aber mit einer ganzen Motorenreihe aufwarten konnte sowie mit vielen weiteren Verbesserungen, wie Landeklappen und Flügeltanks versehen war. Trotz einiger Folgemodelle, die auch drei- und viersitzig hergestellt wurden, konnte die Fertigung mit Unterbrechungen bis 1994 fortgesetzt werden. Zu dem Zeitpunkt saß die Firma in Vero Beach/Florida. Die späteren Erfolge von Piper basierten dann aber in einer reinen Blech- und Tiefdeckerbauweise bis hin zu zweimotorigen Turboprop-Maschinen.

Doch steigen Sie jetzt ein in die vielen großen und kleinen Details um die legendäre und unverwechselbare Piper Cub.

Piper J2 Cub

Die Piper-Geschichte hat englische Wurzeln

Die Piper-Geschichte müsste eigentlich in der englischen Stadt Nottingham beginnen. Der Legende nach lauerte Robin Hood in den East Midlands, im Sherwood Forest, den Reichen und Schönen auf, um sie ihrer Habe zu entledigen und diese unter den Armen zu verteilen. Außer Gerbereien hatte die Region kaum etwas zu bieten, und das setzte sich trotz der von England ausgehenden Industrialisierung bis ins 20. Jahrhundert fort. Kein Wunder, dass schon Ende des 19. Jahrhunderts fast wöchentlich die Auswandererschiffe, überfüllt mit Emigranten, in Richtung Amerika ablegten, die dort ihr Heil und eine lebenswertere Zukunft suchten. Mit an Bord war auch die Familie Taylor mit Kindern, denn ihre Heimatstadt hatte vom großen Fortschritt noch nichts abbekommen, außer ein paar Kleinbetrieben und einer Fahrradmanufaktur, die erst viel später unter dem Namen Raleigh berühmt werden sollte.

Die Taylors hofften wie Tausende auf das große Glück in Amerika und ließen sich zunächst in Kanada nieder, um später, eher ungewollt, in die USA überzusiedeln. In Rochester, im Staate New York, ließen sie sich nieder.

Produktionszahlen sämtlicher Piper High-Wings		
E2 Cub	348	
J2 Cub	1 158	
J3 Cub	19 907	
J4 Cub Coupe	1 251	
J5 Cub Cruiser	1 506	
PA-11 Cub Special	1 541	
PA-12 Cub Super Cruiser	3 759	
PA-14 Family Cruiser	238	
PA-15 Vagabond	387	
PA-18 Vagabond	1	
PA-18 Super Cub	10 326	
PA-18 Super Cub	3	
PA-20 Pacer	1 120	
PA-22 Tri-Pacer, Colt	9 490	
L-4 (Grasshopper)	9 490	
L-14/AE1	105	
L-18/21	1 575	
NE-1	250	
TG-8 Trainer	253	
Gesamtzahl	59 645	davon 47 460 Cubs

Die Geschichte der Piper Cub (High-Wings)

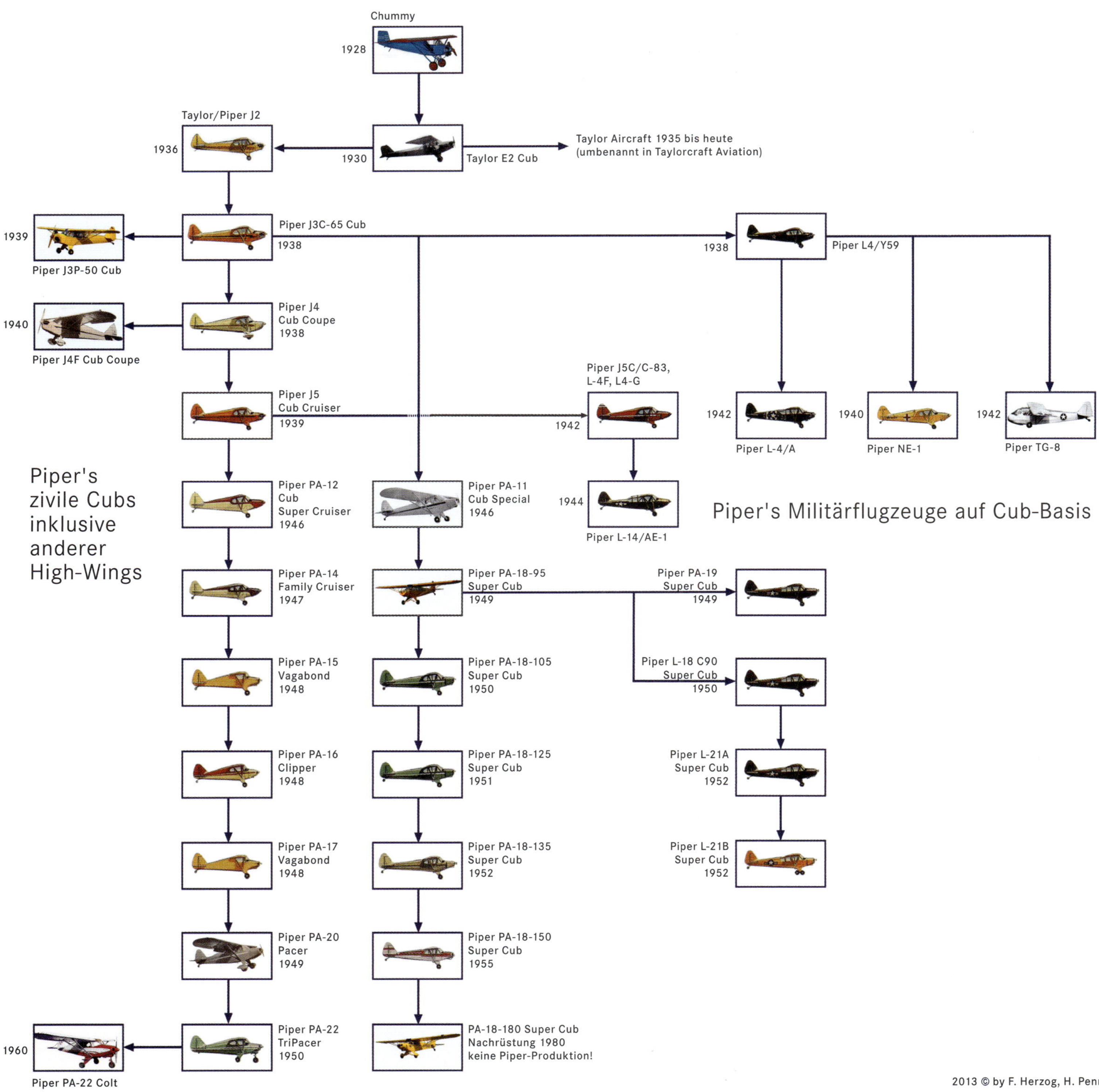

Zwei Brüder, die vom Fliegen begeistert waren

Gordon und Clarence Gilbert, die beiden Söhne des Ehepaares Taylor, hatten keine richtige Ausbildung und bezogen ihr Wissen zunächst vom Vater Arthur, einem Mechaniker-Meister. Clarence Gilbert Taylor, am 25.9.1898 geboren, war schon früh von der Luftfahrt begeistert. Zusammen mit seinem Bruder Gordon, der bereits fliegen konnte, gründeten sie 1926 unter Hilfe des Vaters, Herbert W. Brigham und Ward N. Britton die North Star Aerial Corp.

Clarence kaufte eine von der Armee ausgemusterte Curtiss JN-4 Jenny für 750 Dollar, ein ehemaliges Kriegsflugzeug der US-Army, das in 6.800 Einheiten als Trainer erstellt wurde. Die JN-4 Jenny war bereits die Initialzündung, ein Flugzeug nach eigenen Vorstellungen zu entwickeln, da sie viel zu aufwendig gebaut war. Und man wollte weg vom Doppeldecker. Wobei man sich aber bei der Zelle und beim Fahrwerk ein wenig an das große Vorbild anlehnte. Allerdings setzten sie auf die Side-by-side-Sitzanordnung, statt die Tandemanordnung zu übernehmen. (Auch alle späteren Konstruktionen von Taylor behielten bis auf eine Ausnahme für die Armee grundsätzlich die Side-by-side-Sitzanordnung!)

Taylors Ideen am großen Luftfahrt-Geschäft teilzuhaben liefen synchron mit der aufstrebenden Wirtschaft und entstanden sogar noch vor Charles A. Lindberghs 33,5 Stunden-Atlantik-Flug im Jahre 1928, der allein die Zahl der damaligen Flugschüler in den USA auf 20.400 emporschnellen ließ. Im Jahr zuvor waren es gerade mal 575! Doch die Brüder hatten immerhin die Zeichen der Zeit erkannt. Verglichen an der über 5.000 Dollar teuren Curtiss JN-4 Jenny waren die knapp 4.000 Dollar schon ein großer Fortschritt. Zwar hatten sich die Brüder Vieles mit den Augen von anderen Flugzeugmustern stibitzt, doch alleine daraus verkaufsmäßige Exemplare zu entwickeln, das reichte nicht, um damit auch erfolgreich auf Kundenfang zu gehen.

Clarence entpuppte sich als der eigentliche »Erfinder«. Unter seiner Anleitung und mit väterlichem Rat, werkelten sie munter drauf los, in der Hoffnung, ein kleines brauchbares Flugzeug mit einem Motor für zwei Personen zu entwickeln und später auch verkaufen zu können. Sie hatten auch keine Idee, wie man anders hätte Geld verdienen können. Dafür waren sie schon viel zu fixiert, um andere Gedanken zu entwickeln. Aber Not macht bekanntlich erfinderisch und so ernannte sich Clarence Gilbert Taylor erst einmal eigenmächtig zum Luftfahrt-Ingenieur, ohne je dafür ein Diplom abgelegt zu haben!

Eine »Jenny« der North Star Corporation.

Taylor Brothers Aircraft Company wurde Basis für spätere Piper-Flugzeuge

Im Jahre 1928 zog die Familie um und die beiden Brüder gründeten nach den ersten Flugzeugbasteleien in Rochester die Taylor Brothers Aircraft Company. Der Umzug nach Bradford war für die Gemeinde von nicht unerheblichem wirtschaftlichem Vorteil. Denn sie hatte bereits kräftig aus den Steuern am Ölgeschäft profitiert, und jetzt versuchte man mögliche Firmenneugründer mit Finanzspritzen anzulocken, unter der Bedingung, dass sie sich in Bradford ansiedeln. Heute würde man dazu Wirtschaftsförderung sagen.

Die Offerte aus Bradford kam den Brüdern gerade recht, denn man versprach ihnen 50.000 Dollar in Form von Anteilsscheinen als Unterstützung zum Bau einer Flugzeugfabrik zu gewähren. Soviel Geld hatten sie noch nie besessen. Am Rand von Bradford suchte man sich ein Plätzchen, das auch als Flugplatz geeignet erschien und wo es Möglichkeiten gab, zunächst zwar etwas bescheiden, die neue Flugzeugfabrikation aufzubauen. Die wenigen Maschinen, die schon den Namen »Chummy« trugen und die zuvor in Rochester an den Mann gebracht werden konnten, deckten ja nur sehr spärlich den Lebensunterhalt.

William T. Piper steigt in das Luftfahrt-Geschäft ein

In Bradford hatten zeitgleich mit den Umzug der Taylors ein gewisser Clayton Dorn und William T. Piper mit seinem Partner Ralph Lloyd zufällig auf der gleichen Etage eines Bürogebäudes nebeneinander liegende Büros. Und es war wie es fast immer ist, wenn einem das Geld lockerer in der Tasche sitzt, ist man bereit, damit zu jonglieren. Den entscheidenden Tipp dazu gab Clayton Dorn, der sich sehr spontan aufgrund eines Gesprächs bei der örtlichen Wirtschaftskammer dazu überreden ließ, schnell mal ein paar Anteile an einer »Flugzeugfirma« zu investieren. Dies allerdings nur unter der Voraussetzung, dass diese bereit war, in die junge aufstrebende Stadt zu übersiedeln. Mit dieser Nachricht rannte er nun in das Nachbarbüro der gleichen

Rumpfmontage, Juni 1935, in der Bradford Factory.

Etage, wo sich im Moment nur Piper-Partner R. Lloyd befand »Wir bringen eine Flugzeugfirma in unsere Stadt. Ich habe einige Anteile gekauft und glaube, dass du und Bill auch einige kaufen solltet.« (Er nannte ihn Bill, statt William. Erst der Sohn von William hieß wirklich nur Bill mit Vornamen) »Wie viel?« fragte Lloyd. Dorn rechnete auf einem Stück Papier: »Bei eurem Umsatz, würde ich sagen, jeder vierhundert Dollar.« Das war zwar nicht sehr viel bei insgesamt 50.000 aufzutreibenden Dollar, aber es gab ja in der Stadt auch noch genügend andere Investitionswillige.

Etwas später betrat auch William T. Piper das Büro und Partner Lloyd überrumpelte ihn mit den Worten:»Bill, du bist in der Luftfahrt-Branche!« Überrascht nahm Piper die Botschaft dennoch gelassen entgegen, und das, obwohl seine einzige Flugerfahrung ein Jahr zuvor eher unangenehmer Art war. Ein Pilot hatte ihn zu einem Rundflug eingeladen und Fahrtwind und das Motorengeräusch hatten nicht gerade Begeisterung bei ihm ausgelöst. Kurz gesagt, die Fliegerei hatte ihn zu diesem Zeitpunkt nicht unbedingt überzeugt. Dennoch muss es genau in dem Moment eine Vorahnung gehabt haben, welchen Weg die noch junge Fliegerei gehen müsste und wie er daran teilhaben könnte.

Mit der »Chummy« in Bradford fing alles an

Dort entstand nun das einmotorige Motorflugzeug »A-2 Chummy«. Ein abgestrebter, offener Hochdecker mit zwei nebeneinander liegenden Sitzen und einem Dreizylinder-Sternmotor mit 90 PS von Anzani, bzw. einem 125 PS Siemens-Halske SH-12 zu einem damaligen Preis von 3.985 Dollar. Die Maschine mit 7,62 m Spannweite und 5,59 m Länge dürfte man heute in die Klasse der LSA und Ultraleichtflugzeuge einreihen können. Gegenüber der Curtiss JN-4 Jenny stellte die Konstruktion aber schon einen gewaltigen Fortschritt dar. Charakteristisch waren schon bei der A-2 Chummy je zwei auf Zug beanspruchte Flügelverstrebungen, die auch bei den späteren Piper High Wings, bis auf die J3 »Cantilever«, beibehalten wurden.

Doch ohne fundiertes Wissen prägten auch bedauernswerte Misserfolge die Entwicklung der Firma. Die wahrscheinlich noch dürftigen Kenntnisse beider Brüder führten schon etwas später, im April 1928, zum tödlichen Absturz des Bruders Gordon bei einem Kundenflug mit

A2 Chummy

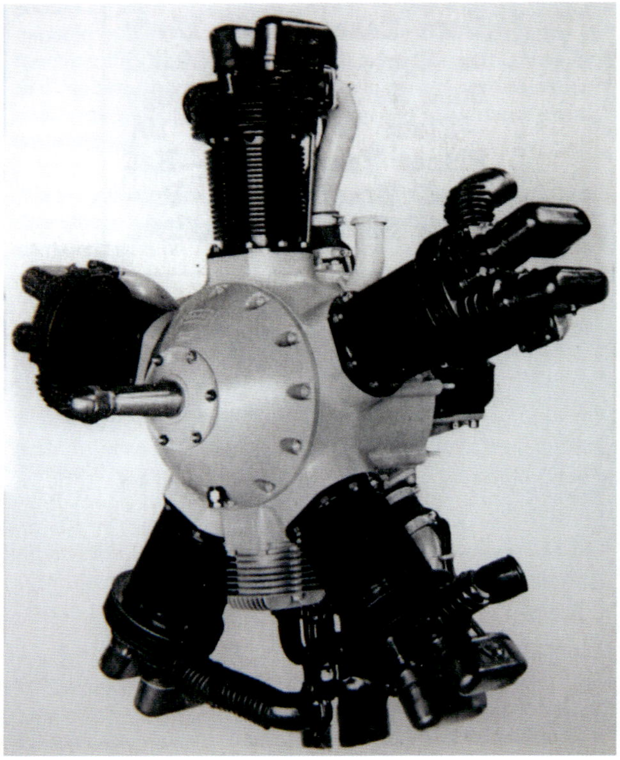

Kinner K-5-Motor

einer bereits verbesserten Version der Chummy, anlässlich einer Präsentation mit einem Kaufinteressenten auf einer Ausstellung in Detroit. Ob es ein Bedienungsfehler oder ein Konstruktionsmangel war, konnte nie herausgefunden werden! Ein herber Schlag für C. Gilbert, der dennoch am Flugzeugbau festhielt. In Erinnerung an den verstorbenen Bruder behielt C. Gilbert Taylor den Firmenname »Taylor Brothers Aircraft Corporation« und verbesserte die Chummy nochmals in einigen Details, so auch unter der Verwendung des Kinner-Motors mit 100 PS, die als B-2 Version in Folge in Bradford gefertigt wurde.

William T. Piper wird Mitglied der Geschäftsleitung von Taylor Brothers Aircraft Company

William Thomas Piper wurde 1928 Verwaltungsrat und Mitglied der Geschäftsleitung, was auf eine Forderung der Handelskammer zurückging. Wer aber war nun dieser William Thomas Piper, der so vollkommen unvorbereitet zu einem der bekanntesten Luftfahrtproduzenten werden sollte und mit dessen Name gestern wie heute die Motorfliegerei, ja die ganze Luftfahrt verbunden ist? William T. Piper war am Tag seiner Ernennung immerhin schon 47 Jahre alt! Ein Alter, in dem die meisten Menschen ihre Berufslaufbahn bereits abgesteckt und gefestigt haben.

Piper wurde am 8. Januar 1881 in dem kleinen Dorf Knapps Creek, im Bundesstaat New York als eins von sieben Kindern geboren. Sein Vater stammte aus Sussex in England. Die Mutter hatte holländische Wurzeln. Er machte sein Diplom als Ingenieur für Mechanik bereits mit 22 Jahren an der Harvard-Universität. Doch zunächst verdingte er sich als Ingenieur in einem Bauunternehmen für Stahlbau, um etwas später, gedrängt von seinem Vater, ins boomende Ölgeschäft einzusteigen. Dies wohl auch der sozialen Sicherheit wegen und seiner zukünftigen Frau Marie van de Water. Sie heirateten und zogen nach Bradford. Die vom Vater gegründete und von ihm weiter geführte Dallas Oil Company entwickelte sich zunehmend mit der parallelen Entwicklung des Kraftfahrzeugverkehrs.

Auch die USA wurden dann in den Ersten Weltkrieg hineingezogen, eine Verpflichtung gegenüber Großbritannien. Bill, wie er von seiner Frau schon immer genannt wurde, ging zum Army Corps, wo er im Rang eines Captains Dienst tat. Da er eine Stabsstelle innehatte, musste er nicht, wie viele andere Amerikaner auf das hartumkämpfte Schlachtfeld Europa. Die Rückkehr nach dem Krieg ins Ölgeschäft war für William T. Piper vorgezeichnet. Dazu kam seine Verpflichtung gegenüber seiner Ehefrau und seinen inzwischen fünf Kindern.

Was überhaupt nicht geplant war, war sein Einstieg in das Luftfahrt-Geschäft. Erfolgte der doch zu einem Zeitpunkt, als allgemein die Aktienkurse immer schneller in die Höhe stiegen, ohne ihren wahren Wert widerzuspiegeln. Sie wurden leider überhöht dargestellt (früher wie heute). Umso erstaunlicher war es, dass trotz nachlassender Investitionsbereitschaft mögliche Finanziers wie Piper noch den Mut aufbrachten, in neue Projekte zu investieren. Wie sinnvoll es letztendlich für die beiden Ölprofis war, sollte sich schon einige Zeit später herausstellen. Pipers ehemaliger Vorgesetzter aus dem spanisch-amerikanischen Krieg (25.4.-12.8.1898) und danach Vorsitzender der Handelskammer machte William T. Piper zum Verwaltungsratsmitglied der Taylor Brothers Aircraft Corporation, um den Verbleib der 50.000 Dollar zu überwachen. Schließlich sollte sich die Investition der Gemeinde ja bezahlt machen! Zwangsläufig musste Piper öfters nach dem Rechten bei den Taylors schauen. Zuvor gab es keinerlei Kontakte. Zu verschieden waren auch die beruflichen Interessen.

William T. Piper traf auf den sehr viel jüngeren Clarence Taylor erst durch diese Umstände zusammen. Für Taylor muss aber Piper wie ein Rettungsanker vorgekommen sein, weil der ja schließlich aus dem Ölgeschäft kam, in dem andere schon Millionen verdient hatten. Das war aber der erste Schritt.

Magere Verkäufe der Chummy und der »Schwarze Freitag« – Weltwirtschaftskrise

Die Taylor Aircraft Company, wie sie die kleine Manufaktur zunächst benannt hatten, baute zunächst fast ausschließlich auf Bestellung, doch mehr als acht Maschinen wurden 1928 nicht verkauft. Sie waren bei näherer Betrachtung auch irgendwie zu teuer, konnte man doch schon einen sehr anspruchsvollen Cadillac damals für 1.000 Dollar weniger als die 3.985 Dollar teure Chummy erstehen. Dazu kam im folgenden Jahr der »Schwarze Freitag«, der Zusammenbruch der New Yorker Börse. Es war der 25.10.1929. Einen Tag zuvor hatte man die total überzogenen Kurse nach unten korrigiert. Waren im Jahr 1929 in den USA noch 1,2 Millionen Arbeitslose registriert, so stieg diese Zahl bis 1932 auf über zwölf Millionen!

Fast grotesk erschien es in dem Zusammenhang, dass man in einer so schwierigen wirtschaftlichen Zeit überhaupt noch Flugzeuge absetzen konnte. Luxusgüter scheinen jedoch besonders gut in schlechten Zeiten zu florieren und irgendwie schien auch William T. Piper ein Gespür dafür zu haben. Er war ja weder Pilot noch Flugzeugkonstrukteur und vielleicht dachte er auch nur an seine 400 investierten Dollars, von denen er sich früher oder später eine Rendite versprach. Zudem wollte er natürlich seiner Aufsichtspflicht als Verwaltungsratsmitglied der Taylor Brothers Aircraft Corporation im Auftrag der Handelskammer nachkommen.

Piper forderte preiswerteres Flugzeug

Seine Forderung: Es musste ein preiswerteres Flugzeug als die Chummy her und das bei vergleichbar niedrigen Flugstundenpreisen, auch wenn man inzwischen die bereits verbesserte C-2-Version fertigte.

William T. Piper mit seinen Söhnen.

Das, so seine Vorstellung, würde mehr Flugschulen für Taylor-Flugzeuge interessieren, lagen doch alle Mitbewerber am Markt eher in einem Preislevel von 4.000 bis 6.000 Dollar. Doch bei so hohen Anschaffungskosten mussten die Flugstunden zwangsläufig auch sehr hoch sein. Piper führte heiße Diskussionen mit Clarence Taylor, der primär seine Konstruktionspläne im Kopf hatte und schon von Flugschulen auf dem ganzen Kontinent träumte. Und erst nach eindringlichen Reden konnte er Taylor davon überzeugen, dass die Chummy nicht mehr zeitgemäß war und dass die Verkäufe einfach nicht ausreichten, die Firma über Wasser zu halten. Auch konnte die Chummy weder mit ihrem Design noch mit den Flugleistungen überzeugen. Bei genauerer Betrachtung wirkte sie fast wie ein Vorkriegsmodell.

Taylor stampft in 30 Tagen ein neues Flugzeug aus dem Boden

Die sehr intensiv geführten Gespräche zwischen Taylor und Piper zwangen Taylor vollkommen neu an einen Flugzeugentwurf zu gehen. Es dauerte gerade mal 30 Tage von dieser Unterredung bis zum Erstflug des nach Pipers Vorstellungen geforderten »Einfachstflugzeugs«. Piper war zwar Ingenieur mit gesundem Basiswissen, doch Taylor verstand zu dem Zeitpunkt die Forderungen Pipers so umzusetzen, dass man sich auf den kleinsten gemeinsamen Nenner einigen konnte.

Clarence Taylor lehnte sich trotzdem fast automatisch an das Grunddesign der Chummy an und es entstand ein ebenfalls abgestrebter Schulterdecker, aber diesmal als Tandem-Sitzer. Das ermöglichte einen schmaleren, offenen Rumpf, nur geschützt durch eine Windschutzscheibe, der statt wie eines heute üblichen Spornrades aber nur einen Schleifsporn hatte. Den Rumpf baute Taylor aus einer Stahlrohr-Gitterkonstruktion, ein Konstruktionsmerkmal, welches sich auch bis zur letzten Cub-Version und den Short-Wings durchsetzen sollte. Der Rumpf hatte auf der rechten Seite eine Türklappe, die nach unten abklappbar war, um ein- und austeigen zu können. Das Leitwerk wirkte auch noch kantig, desgleichen die Flügelenden. Flügel und Leitwerk waren noch aus Holz und wurden, wie damals allgemein üblich, mit Stoff bespannt und lackiert. In gleicher Bauweise, nur ohne Motor, entstand auch Taylors einfaches Gleitflugzeug D-1. Da aber damals wie heute der Durchschnittsamerikaner nicht viel mit dem Segelflug am Hut hatte, blieb es bei einem Prototyen. Die D-1 blieb so gesehen nur eine kurze Episode und war für die weitere Entwicklung der Firma genau genommen nur ein zeitliches Hindernis. Außer ein paar Schleppversuchen hinter einem Auto, ist über dieses nur mit einem Fahrradsattel und einfachen Pendelrudern ausgestattete Flugzeug nichts bekannt.

Ganz entscheidend war nun deswegen die Motorisierung bei einer Motorflugzeug-Neukonstruktion. Es sollte ein kleiner, leichterer und nicht ganz so starker Motor wie bei der Chummy verwendet werden. Dies auch aus Kostengründen! Die Wahl fiel zunächst auf den 20 PS-Zweizylinder Brownbach Tiger Kitten-Motor. Der war aber von vornherein zu schwach dimensioniert. Am 12. September 1930 war es so weit. George Kirkendall, der damalige Testpilot ließ das Maschinchen volltanken. Der Tank befand sich zwischen Brandschott und Instrumentenbrett, und letzteres bestand gerade mal nur aus Ölthermometer, Öldruck- und Höhenmesser. Von einem Fahrtmesser keine Spur und auch kein Drehzahlmesser, und die Tankanzeige erfolgte einfachst, wie auch in späteren Versionen durch eine im Tankdeckel befindlichen Stahlnadel, an deren unteren Ende ein Korkstück als

Zweizylinder Brownbach Tiger Kitten-Motor.

Taylor E2 Cub

Schwimmer aufgesteckt war. Je nach Tankinhalt ragte diese durch die Bohrung des Deckels nach oben heraus. Der obere Teil der Stahlnadel, war um 90 Grad auf einem kurzen Stück abgewinkelt, damit sie nicht ganz in den Tank fallen konnte, wenn der Sprit verbraucht war. Je nach Treibstoffmenge ragte das abgewinkelte Nadelstück mehr oder weniger aus dem Tank heraus und ließ so den ungefähren Tankinhalt bestimmen. Keine besonders genaue Angabe, dafür aber absolut zuverlässig!

Die etwas ungenaue Tankanzeige und die nicht vorhanden Motor- und Flugdaten sollten aber nicht das Entscheidende sein. Kirkendall brachte die Neukonstruktion kurz nach dem Start noch nicht mal über die am Platzende befindlichen Bäume. Mit seinen mageren 20 PS war der Motor schlicht zu schwach, die neue Maschine in die Luft zu bringen.

Wie die »Cub« zu ihrem Namen kam

Der ebenfalls anwesende Buchhalter Gilbert Hadrel spottete in Anbetracht des bescheidenen Flugversuches: »warum nennen wir das Flugzeug nicht einfach Cub«, während William Piper gleich rief »da muss ein stärkerer Motor her«. Aber irgendwie amüsierten sich plötzlich alle über die schwachbrüstige Motorisierung, denn hätte sie ausgereicht, hätte man einen noch viel günstigeren Verkaufspreis für das Flugzeug anbieten können. Aber zunächst gefiel den Anwesenden die leicht spöttische Bezeichnung »Cub« spontan, weil das Flugzeug keine großen Anstalten machte, mehr Temperament zu entwickeln, um gerade mal auf 15 Fuß Höhe zu kommen. »Cub« bedeutet im Englischen so etwas wie Flegel oder Bengelchen, was man auch zu kleinen neugeborenen oft wuscheligen Jungtieren sagt. Irgendwie assoziierte man damit auch die kleinen jungen tapsigen Braunbären, und umgehend zierte auf Anregung Hadrels auf beiden Seiten des Seitenleitwerks ein lustiges Bärchen das Flugzeug, in den Tatzen ein Adressschild haltend, mit der Aufschrift »Cub« und der Herstelleradresse, was zunächst von Hand amateurhaft aufgepinselt war. Es mag noch viele andere Erklärungen dazu geben, wie etwa die schon in den 20er-Jahren auch in den USA bekannten und beliebten Steiff-Bären.

Die »Taylor E2 Cub« ist das wahre Vorgängermodell aller Cubs

Auch wenn der Prototyp noch absolut untermotorisiert war, er trug fortan die Bezeichnung Taylor E2 Cub, so fiel doch sehr schnell nach einigen weiteren Motor-Adaptionen, unter anderem auch wieder mit Salmson-Motoren vom Typ AD-9 (Erstflug mit Bud Havens am 23. Sept. 1930), die Wahl schlussendlich auf einen 37 PS Continental-A-40-Motor. Im März 1931 kam die E2 erstmals in die Luft.

Taylor Cub

Ein Continental Motor mit 37 PS.

Typenschild Taylor E2

Es war ein Vierzylinder-Boxermotor, der bis dato noch vollkommen unbekannt war. Die E2-Produktion konnte also beginnen! Ihr folgten die Versionen F2, G2 und H2.

Gutmütige Flugeigenschaften und einfaches Handling zählten von Anfang an zu den Attributen der Taylor E2 Cub. Und Piper hatte auch sein persönliches Ziel zunächst erreicht, nämlich die Firma so zu führen, dass sie in der Lage war, sich in diesen wirtschaftlich noch immer schwierigeren Zeiten mit einem hochwertigen, aber dennoch sehr preiswerten Produkt am Markt zu behaupten. Dazu entwickelte er generalstabsmäßig einen Plan, ein Flugzeug auf den Markt zu bringen, das inklusive der Pilotenausbildung auf 1.325 Dollar kam. Das war schon ein gewaltiger Schritt von der ursprünglich so teuren Chummy, deren letztes Exemplar erst 1932 verkauft werden konnte und das dann obendrein während des Überführungsfluges noch abstürzte. Aber nun, es war inzwischen Frühjahr 1931, wurde es für die Taylor Aircraft Corporation auch langsam immer

Taylor E2 Cub in Bradford.

enger. Noch gerade rechtzeitig, am 15. Juni 1931, wurde die Fertigung der Taylor E2 Cub vom Handelsministerium mit dem neuen Continental-Motor genehmigt. Und im Herbst des gleichen Jahres erhielt die E2 Cub das »Approved Type Certificate« (ATC). Das ATC erhielt die Nummer 455. Noch im selben Jahr stieß der 19-jährige Ingenieur Walter Corey Jamouneau zur Firma, was sich später als besonders großer Gewinn erweisen sollte.

Piper ließ die Firma in den Konkurs laufen und kaufte die Restmasse

Wiederholt erwies sich Clarence Taylor nicht als der geborene Kaufmann. Das Unternehmen geriet immer mehr in rote Zahlen. Nachdem die Bankreserven versiegt waren, schien auch die Handelskammer langsam kalte Füße zu bekommen. Sie wies William Piper deshalb an, ein noch wachsameres Auge auf den »Zögling« zu legen, und da Piper bereits den Zusammenbruch des Unternehmens sah, entschloss er sich, inzwischen zum Finanzchef beordert, das kleine Unternehmen in den Konkurs laufen zu lassen. Bei der anschließenden Versteigerung gelang es ihm, für ganze 761 Dollar die Restmasse der Taylor Aircraft Corporation aufzukaufen. Ein Schnäppchen, denn die noch in Entwicklung befindliche E2 alleine war ein Vielfaches wert. Andererseits wäre Clarence Taylor nicht mehr in der Lage gewesen, seine Ideen weiterhin zu realisieren. Ihm fehlte es an Umsetzungsvermögen auch kaufmännisch alles im Griff zu behalten, was er sich erst in späteren Jahren auch aus den Anfangserfahrungen heraus noch aneignete.

Nach der Firmenumbesetzung wurde Taylor Chefkonstrukteur und Präsident der Firma, während Piper die kaufmännische Verantwortung voll übertragen wurde. Sein Geld verdiente er ja nach wie vor mit seinem Partner im Ölgeschäft. Hier setzte nun aber Pipers geniales Marketing ein. Er verstand es in einer nahezu perfekten Ausgewogenheit, schon im Jahr 1931 immerhin 23 Flugzeuge an den Mann zu bringen. Ein neuer Flugzeugtyp, preiswerter und leicht zu fliegen und das in einer nach wie vor sehr schwierigen Zeit, wie auch die Arbeitslosenzahlen von damals belegten. Das Jahr 1932 sollte auf dem amerikanischen Kontinent noch schwieriger werden. Doch bereits ein Jahr zuvor gelang der erste Export nach Kanada, auch wenn Piper

Die Taylor Factory in Bradford.

Walter C. Jamouneau wurde 1935 Chefkonstrukteur der Taylor Aircraft Corporation.

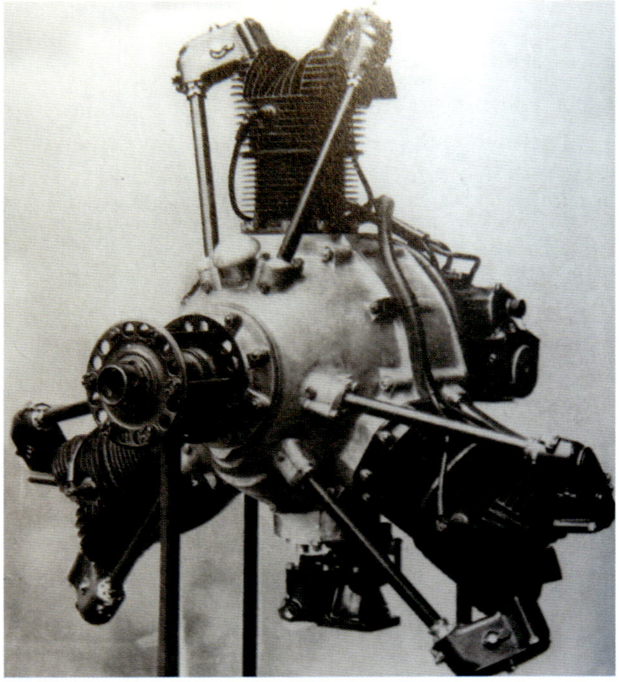

Aeromarine AR3-40 Motor mit 40 PS.

nach kürzester Zeit feststellen musste, dass der Preis mit 1.295 Dollar nicht haltbar war. Seine Preiserhöhung lag bei ganzen 30 Dollar! Das war nach wie vor noch sensationell! 1933 sank die Verkaufszahl wieder langsam auf 17 Einheiten gegenüber dem Vorjahr mit ganzen 22 Stück. Offenbar lag es aber auch daran, dass man sich zwischenzeitlich damit beschäftigte, einen eigenen Flugmotor zu entwickeln, weil der Kostenfaktor Antrieb beim Gesamtpreis doch sehr stark zu Buche schlug. Vom Denkansatz sicher eine gute Lösung, doch als Flugzeugbauer sollte man sich immer auf das Kerngeschäft besinnen – ein Rat, den auch viele andere Flugzeugbauer in Europa in späteren Jahren leider nicht beherzigt haben.

Die Kontinuität in der Auswahl des Triebwerks, bezogen auf den 40 PS Continental A-40, schien aber mit zunehmenden Erfahrungen bei Continental ihre Früchte zu tragen. So konnte man 1934, die Wirtschaft hatte sich auch wieder erholt, die Auslieferung auf 72 Einheiten langsam hochschrauben. Es sprach sich vor allen Dingen auch an den Flugschulen herum, dass die Taylor E2 Cub das Schulflugzeug schlechthin sei und das man auch gerne nach Erwerb des Flugscheins weiterhin gerne flog. Dem Flugzeug wurden von allen Seiten sehr gute Flugeigenschaften zugesagt.

Walter Jamouneau belebt die Firma mit neuen Ideen und Taylor gibt auf

Pipers Philosophie bestand darin, Flugzeuge so einfach und so preiswert wie möglich am Markt anbieten zu können. Während einer mehrmonatigen Erkrankung von Gordon Taylor animierte er Jamouneau dazu, die E2 Cub zu überarbeiten. Denn nach Pipers Ansicht war der ursprüngliche Entwurf der E2 Cub eigentlich viel zu aufwendig und somit zu teuer für eine Massenfertigung, wie er sie sich wünschte. Pipers Vorstellung war damals auch, Schritt mit der Autoentwicklung zu halten, deren kometenhafter Aufstieg Amerika beflügelte. Immer wieder schielte er nach Detroit, das mit seiner Autoindustrie boomte, wie kaum eine andere Stadt in den USA. Jamouneau führte unter anderem eine Vollverglasung bei der E2 Cub ein und gab Tragflächen und Leitwerk eine starke Rundung vor. 1935 konnte das Unternehmen so schon 212 Flugzeuge absetzen – eine Verdreifachung des Vorjahresverkaufs! Pipers Marketingstrategien zogen sich nun wie

Taylor J2 Cub – »The New Cub«.

ein roter Faden fort. Als historisches Ereignis der Piper-Firmengeschichte darf die am 22.11.1935 knallgelb lackierte Cub (zur besseren Erkennbarkeit durch andere Flugzeuge) mit der Seriennummer 351 und Registrierung NC 15905 gesehen werden. Zuvor gab es nur die silberfarbenen Lackierungen. So entstand das beliebte und unverwechselbare Standard-Gelb als Grundfarbe mit einem langgezogenen symbolisierten Blitz in Schwarz. In Amerika sprach man denn später bei der Grundfarbe auch vom »Cub Yellow« oder dem »Lock Haven Yellow«.

Die anhaltenden Spannungen zwischen Piper und Taylor führten 1935 zum offenen Bruch. Zu verschieden waren beide Partner, die ja nur eine Art Zweckehe eingegangen waren, die darin bestand, dass Piper das Geld hatte und es auch zusammenhielt, während Taylor das Know-how besaß. Das Ganze eskalierte; zeitweise verkehrte man sogar nur noch schriftlich miteinander. Es kam, wie es kommen musste: Clarence Taylor ließ sich von Piper auszahlen und verließ das Werk, um nun unter Taylorcraft Aviation Company of Alliance in Ohio sein eigenes Unternehmen weiterzuführen. William Thomas Piper blieb nun alleiniger Geschäftsführer und Inhaber der Taylor Aircraft in Bradford/ Pennsylvania. Clarence Taylor übernahm bei seinen späteren Flugzeugen, die bis in 80er-Jahre hinein gefertigt wurden, umgehend wieder die Side-by-side-Anordnung, konnte aber trotz aller Modernisierungen, wie auch die Einführung des Steuerhorns und lukrativer Militäraufträge (Tandemanordnung!) nicht annähernd die Erfolge wie Piper erringen. Bis 1985 existierte noch die Taylorcraft Aviation Corporation, doch auch alle andere Anläufe, das Basiskonzerpt dieses durchaus interessanten Flugzeug-Konzeptes zu übertragen, konnte Taylor weder mit der englischen Auster (eine ehemalige Taylor-Lizenz) noch mit der Citabria übertragen.

Aus der E2 Cub macht Walter Jamouneau die J2 Cub

Im Jahre 1936, nach extrem kurzer Entwicklungszeit, präsentierte das Unternehmen die E2 Cub als J2 Cub, wobei das J nun für Jamouneau stand. Leider tauchen in vielen Beschreibungen insbesondere auch im Internet immer wieder unterschiedliche Schreibweisen mit oder ohne Bindestrich auf. Richtig ist die Schreibweise wie E2, J2, J3, jedoch nicht E-2, J-2, J-3! Der Bindestrich wurde erst bei den militärischen Typen wie L-4 und später bei den PA-Typenreihen eingeführt, also PA-6, einem relativ unbekannten

J2S Cub als Seaplane.

Typ, dann die P-11 und bis heute die PA-52. Die Schreibweise mit Bindesprich wurde teilweise von der FAA ganz willkürlich praktiziert.

Der Rumpf war nun eine aus dünnwandigem Stahlrohr zusammengeschweißte Gitterkonstruktion. Dem Flügel verpasste man Holzrippen, die auf einen Holm, wie auch beim Vorgänger aus Holz aufgeleimt wurden. Was unter anderem auch blieb, war die simple Knüppelsteuerung. Ein Steuerhorn, was einige andere Hersteller inzwischen eingeführt hatten, wäre nicht unbedingt sinnvoll gewesen, auch hätte sich die dazugehörige Mechanik viel zu aufwendig dargestellt. Wollte man gar Lasten, bzw. sperrige Güter auf dem hinteren Sitz transportieren, wobei sich der Stick der Knüppelsteuerung durch einfaches Lösen einer Schraube leicht entfernen ließ, wäre das mit einem Horn konstruktionsbedingt sehr umständlich geworden. Und wie sich bei späterer militärischer Verwendung auch zeigte, hätten die Militärs sicher gleich abgewunken, weil ein Teil ihrer Flugzeuge, einschließlich der Jäger, grundsätzlich eine Knüppelsteuerung besaßen. Die äußere Bespannung bestand auch hier wieder aus lackiertem Baumwolltuch, das aufgeklebt, mit Spannlack gestrafft und mit einem silberfarbenen Endanstrich versehen wurde. Die für das Militär später gelieferten Maschinen erhielten allerdings entweder das Marineblau oder einen olivfarbenen Anstrich. Jamouneau verbreiterte das Fahrwerk, nachdem er den Flugschülern beim Landen zugesehen hatte, die wegen des schmalen Radstandes nicht immer mit beiden Rädern aufsetzten, leicht zur Seite kippten und gelegentlich auch mal mit den Flügelenden den Boden berührten. Die Änderung waren gering aber effektiv. In Absprache mit Continental erhielt der A-40 erstmals auch eine Doppelzündung, was zur damaligen Zeit noch nicht unbedingt üblich war. Im Gegensatz zum Vorgängermodell bekam die J2 Cub ein gerundetes Leitwerk und die Flügelenden wurden insbesondere der Aerodynamik wegen stärker abgerundet. Insgesamt wirkte die Maschine dadurch gefälliger im Aussehen.

Zwischenzeitlich steuerte auch Pipers Sohn Bill in das Unternehmen als kaufmännischer Leiter. Trotz der vorangegangenen Querelen verbuchte er im Zeitraum bis Ende 1936 immerhin 522 Verkäufe, die nicht zuletzt auch den ungeheuren Anstrengungen seines Vaters Senior T. Piper zu verdanken waren. So nebenbei hatte man auch in Long Beach/Kalifornien ein Zweigwerk errichtet, in dem die Western Cub endmontiert wurde, denn Bradford lag zu dem Zeitpunkt bereits an der Kapazitätsgrenze. Auch hatte das Ausscheiden von Taylor aus dem Unternehmen keine negativen Auswirkungen.

Feuer, ausgerechnet bei bester Auftragslage

In das Jahr 1937 startete man mit vollen Auftragsbüchern, war doch zu dem Zeitpunkt die amerikanische Wirtschaft von den tiefen Wunden der Weltwirtschaftskrise wieder so erstarkt, dass man mit dem neuerarbeiten Geld bereit war, es ebenso locker auszugeben, wie man dazu gekommen war. Am 16. März 1937 brach in der Lackiererei durch Unachtsamkeit ein Feuer aus, das die gesamte Fabrik in Schutt und Asche legte und beinahe in den Abgrund riss.

Jetzt rächte sich, dass man über Jahre die hohen Versicherungsprämien einsparte, ohne während der Vergrößerungen des Unternehmens darauf zu achten, sich den wahren Sachwerten anzupassen. Vielleicht der erste große schwerwiegende Fehler von William T. Piper. Einen Tag nach einer Verkaufstour sah er sich den Schaden an. Schon tags darauf berichteten alle regionalen Zeitungen über das Unglück. Umliegende Gemeinden warben schon kurz danach darum, bei ihnen die Firma neu aufzubauen.

Doch Piper ging es erst einmal darum, wieder so schnell wie möglich zu produzieren. So gelang es den Arbeitern noch während des Brandes, einige Teile der Cubs aus den Flammen zu retten. Er rief einen Tag danach seine Mitarbeiter auf, sich nach vorhandenen und brauchbaren Teilen umzusehen. »Es werden keine Fragen über die Herkunft der Teile gestellt, aber sehen Sie zuhause bei sich nach, ob nicht zufällig noch ein brauchbares Teil auffindbar ist«. Und als ob Piper es gewusst hätte, fanden sich fast alle zugehörigen und so viele Teile zusammen, dass man damit wieder ganze Flugzeuge in einer spontan angemieteten Schmiede fertigen konnte. Das Schlimmste war somit zunächst überstanden. Der heimliche Material-Diebstahl, noch unter dem Namen der Taylor Aircraft Corporation, der Piper scheinbar auch nicht entgangen war, sicherte somit den Arbeitern und Angestellten vorerst ihre weitere Beschäftigung, obwohl man inzwischen in Bradford, in der Ölbranche, viel mehr Geld verdienen konnte. Bereits eine Woche nach dem Brand verließ die erste neu montierte Cub die provisorische Werkstatt. Ein Wermutstropfen war allerdings geblieben: Um Geld zu sparen, hatte man die ganzen Jahre zuvor nur 5% des tatsächlichen Wertes als Prämie eingezahlt. Folglich fiel nun die ausgezahlte Versicherungssumme ebenso spärlich aus.

Ein verheerender Brand vernichtete im März 1937 die Firma fast vollständig.

Umzug nach Lock Haven mit neuen Perspektiven

Eine gewisse Perspektivlosigkeit zwang zu neuen Vorgehensweisen. Neben vielen anderen Optionen konzentrierte sich Piper darauf, so schnell wie möglich für seine Flugzeugfertigung einen Standort zu finden, an dem auch eine Ausweitung durch genügend Produktionsfläche gegeben war. 80 Meilen südöstlich von Bradford lag in Lock Haven eine verlassene mehrstöckige Seidenspinnerei, die aus wirtschaftlichen Gründen ein paar Jahre zuvor schließen musste. Das Firmengelände schloss an Straßen, Schiene und einen schiffbaren Fluss an. Der Ort lag rund 300 m tiefer als Bradford und die Gemeinde bestand aus gerade mal 10.000 Einwohnern. Alle Bedingungen für eine neue Produktionsstätte waren erfüllt.

Ein Freund und Geschäftspartner von Piper, ein gewisser Gordon Curtis, brachte es fertig, mit dem Besitzer der Susquehanna Silk Mills so lange zu verhandeln, bis der bereit war, für ganze 95.000 Dollar das gesamte Anwesen, inklusive Gelände, zu veräußern. Damit sich Piper auch noch leichter zum Kauf entscheiden konnte, ließ die Gemeinde das Gelände vor dem Firmengebäude ebnen und zu einem Flugplatz ausbauen. Auch wenn die Produktionsfläche der alten zweistöckigen Seidenspinnerei anfangs viel zu groß erschien und sogar ein Mehrfaches an Fläche gegenüber dem verbrannten Fabrikgebäude in Bradford ausmachte, ergriff Piper die günstige Gelegenheit zum Kauf. Bereits im Mai 1937 war man komplett aus der alten Schmiede in Bradford ausgezogen. Die Produktion konnte am neuen Standort mit voller Kraft wieder aufgenommen werden.

Noch vor Jahresende entschloss sich Piper, die Firmenbezeichnung von Taylor Aircraft Corporation in Piper Aircraft Corporation umzuwandeln, auch wenn es eine Umbenennung dem Image eines Produktes erfahrungsgemäß Schaden zufügen könnte. Geblieben war die Typbezeichnung J2 Cub. Walter Jamouneau entwickelte sich zu einem der besten und fähigsten Ingenieure der Firma. Im Gegensatz zu Taylor lief die Zusammenarbeit zwischen Jamouneau und Piper äußerst harmonisch. Und so rollte Anfang 1938 die erste unter dem Namen Piper produzierte J2 Cub aus der Halle an der Eagle Street in Lock Haven. Kurioserweise hatte die Maschine die Werknummer 1937, die darauf hinwies, dass die Fertigung noch im Jahr 1937 erfolgt war. Das Flugzeug, welches auch später noch für ein Museum nachgebaut wurde, weil das Original verloren ging, erhielt damals das Kennzeichen NC20137.

Das neue Werk in Lock Haven nach dem Brand.

Die berühmte J3 Cub wird geboren

Ein Jahr nach Fertigungsbeginn, im Mai 1938, verließ die letzte der rund 1.200 Maschinen vom Typ J2 Cub die Werkhallen in Lock Haven, doch zwischenzeitlich war man auch darum bemüht, ein Folgemodell unter allen Erkenntnissen, die man über die unzähligen Flugschulen gesammelt hatte, zu entwickeln. Chefingenieur Jamouneau arbeitete kontinuierlich an dessen Verbesserungen, die sich alle vereint in der neuen J3 Cub wiederfanden. So erhielt die J3 Cub zunächst den 40 PS-Motor, der gerade mal mit 17 Litern Sprit pro Stunde zufrieden war. Die Maschine erreichte eine Reisegeschwindigkeit von 120 km/h bei 2.100 U/min, während die Höchstgeschwindigkeit bei 137 km/h lag. Doch erst die geringe Minimalgeschwindigkeit von lediglich 64 km/h machte sie fast zu einem Kurzstart-Flugzeug, was nach heutigen Gesichtspunkten in die UL-Kategorie fallen würde. Der Schleifsporn am Heck wurde durch ein abgefedertes, mit dem Seitenruder lenkbaren Rädchen ersetzt, womit sich das Maschinchen auch am Boden besser manövrieren ließ. Das Seitenleitwerk selber wurde nochmals etwas vergrößert und in den Proportionen dem Höhenleitwerk angepasst. Statt Holzrippen bekam der Flügel nun Rippen aus Aluminium. Auch die Nasenbeplankung war nun aus Leichtmetall. Rein äußerlich war außer des Farbwechsels von silbergrau der J2 Cub in Gelb auf den ersten Blick nichts zu erkennen. Es waren eben die vielen kleine Details, die erst bei näherem Hinsehen auffällig wurden. So wurde unter anderem auch die Rumpf-Stahlrohrkonstruktion durch eine festere Legierung SAE X-4130 deutlich verstärkt, was auch die Aufnahme stärkerer Triebwerke zuließ. Es war der Beginn der J3 Cub zu einem fast unaufhaltsamen Höhenflug und es war die eigentliche Geburtsstunde der Cub-Legende! Sie bekam noch im Oktober 1937 ihre Zulassung. Später wurde die Motorenpalette auch noch durch verschiedene andere Motoren mit 50 und bis zu 65 PS und von verschiedenen anderen Herstellern erweitert (die Schweizer bauten sogar 90 PS-Motoren ein). Standard wurden für die J3 aber die 65 PS Motoren!

J3 Cub

Der Name Piper entwickelt sich zum Synonym für Leichtflugzeuge

Die Cubs waren Schulmaschinen, ideal für Platzrunden, und das sollte auch so bleiben! Die 12 Gallonen Treibstoff (ca. 45 l), die der Tank bei der J3C Cub fasste, kosteten ganze 1,20 Dollar! Fliegen war also damals wirklich billig! Die Basisversion einer J3C Cub lag gerade mal bei 995 Dollar, etwas mehr als ein normales Mittelklasse-Auto damals. Doch mit der Cub war man frei und unabhängig und einen Flugplatzzwang kannte man auch noch nicht. Aber etwas unbequem war es schon, wenn man auf den nicht verstellbaren harten Sitzen mehr als eine Stunde zubringen wollte. Den Flugschülern mutete man das nahezu mit Fleiß zu, denn sie sollten »das Fliegen mit dem Hintern lernen«!

J3-Panel – einfacher geht's nicht.

Typenkurzbezeichnungen unterscheiden die Modelle

Die J3C Cub begleiteten aber auch zahlreiche Nebenerscheinungen. So versteckten sich in den Typbezeichnungen ergänzenderweise auch die Kürzel der Motorenhersteller und die Leistungsangaben. C stand z.B. für Continental, F für Franklin, P für Papoose und L für Lycoming und die Zahl bedeuteten die Leistungsangabe in Horsepower HP, was etwa unseren PS entspricht. Der Lenape Papoose, ein Dreizylinder-Motor erwies sich leider schon in der Anfangsphase als unerhörter »Schüttler«, wollte Piper damit doch die Gesamtkosten des Flugzeugs niedrig halten. Immerhin besaß dieser Motor erstmals eine Vergaser-Vorwärmung.

Fahrwerksversionen

Auch versah man im Winter einige Maschinen mit Skiern, die sich als problemloser erwiesen als Schwimmer. Waren diese Floats aus Aluminium gefertigt, so gab es keinerlei Probleme. Doch eines Tages kam ein Mitarbeiter auf die Idee, die Schwimmer doch aus Schlauchbootgummi zu fertigen und wenn man damit zu hoch flog, blähten sich die Floats durch den niedrigeren Luftaußendruck wie ein aufsteigender Wetterballon auf und bildeten damit einen höheren Luftwiderstand. Die Versuche damit wurden aus diesem Grund umgehend abgebrochen, auch wenn sie sich im Handling auf dem Wasser und beim Anlanden ans Ufer als total unproblematisch erwiesen. Ja sie waren sogar unempfindlicher gegen kleine Holzstücke oder Steine, die an den Aluminiumfloats schon mal die gesamte Beplankung aufreißen konnten. Sehr viel später hat ein Schweizer Tüftler sogar einmal mit einem Raupenfahrwerk experimentiert, was von den Militärs und auch von den Privatkunden aber lächelnd abgewiesen wurde. Er hatte dennoch damit bewiesen, mit so einem Fahrwerk auf extrem steinigem Untergrund starten und landen zu können. Hintereinander liegende Doppelräder wurden nach kurzer Erprobung ebenfalls wieder verworfen.

Auch an den Motoren wurde die eine oder andere Ergänzung vorgenommen. Erstmals bot der Continental-Motor, neben der ebenfalls später eingeführten Vergaservorwärmung, auch eine Heizung an, wobei die Luft, die nur an den Zylindern vorbeigeführt wurde, mittels einer Klappe bei Bedarf über eine Art Blechkanal in die Kabine umgeleitet wurde. Ähnlich einfach war auch die Belüftung gehalten. Wollte man Frischluft, einfach Fenster öffnen. Wurde es zu frisch, Fenster wieder schließen.

Je einfacher, desto besser

Überhaupt war an dem Flugzeug alles so einfach wie simpel gehalten. Anders wäre es auch nicht zu schaffen gewesen, das Flugzeug mehr oder weniger von nur kurz angelernten Arbeitern fertigen zu lassen. Das hatte Vorteile bei den Lohn- und auch Materialkosten, und es ersparte auch im harten Schulungsbetrieb teure Reparaturkosten. Doch gerade wegen dieser simplen Konstruktion sind in der jahrzehntlangen Geschichte der Cub kaum Fälle bekannt, die zu ernsthaften Problemen geführt hätten. Und ein Riss in der Bespannung war fast ebenso schnell geflickt, wie er entstanden war. Einfach die entsprechende

Dan Fowlie startet mit seiner Clip Wing Cub von einer fahrenden Plattform.

Stelle sauber ausschneiden, neuen Stoff mit Klebelack darüber kleben und mit Lack bis zum Endabstrich versiegeln. Nicht anders konnte bei aufwendigeren Reparaturen verfahren werden. So war ein Stück Stahlrohr genauso schnell wieder neu eingeschweißt, wie eine angeknackste Rippe ersetzt werden konnte. Das galt ebenso für die Tanknadel-Anzeige als auch für die Fahrwerksfederung. Sie bestand nicht etwa aus hochpräzisen Stoßdämpfern, sondern aus mehrfach zwischen den Auffangbolzen umgewickelten, fingerdicken Gummiringen.

Die Auftragslage war gut. Trotz der noch laufenden J2 Cub-Produktion konnten schon 1937, kurz nach der Serienfreigabe 25 J3C Cubs an den Mann gebracht werden. Die Vorteile des neuen Modells sprachen sich schnell herum und so schaffte das gerade erst umfirmierte Unternehmen schon ein Jahr später 683 Einheiten zu veräußern, 1939 sogar 1.750. Pipers sämtliche Investitionen und vor allen seine weitreichenden Entscheidungen und seine Beharrlichkeit trugen reiche Früchte.

Mehr Flugzeugverkäufe durch ein ziviles Trainings-Programm CPT

Warum das amerikanische Militär vor und während des Zweiten Weltkrieges noch keine eigene Luftwaffe besaß, verstand niemand. Entsprechend stiefmütterlich wurde bei Marine und Heer die Ausbildung von Piloten behandelt. Die Militärs beharrten zunächst auf der Ausbildung ihres Nachwuchses auf größeren und leistungsstärkeren Maschinen. Sachkundige Berater drängten aber Präsident Roosevelt dem entgegenzutreten, weil die beiden Teilstreitkräfte gerademal in der Lage waren, 1.000 Piloten pro Jahr auszubilden. Für einen Kriegsfall viel zu wenig!

Roosevelt gab daraufhin am 27. Dezember 1938 bekannt, dass ein Civilian Pilot Training Program (CPT) eingeführt werden solle. So sollten aufgrund der Empfehlungen seiner Berater jährlich 20.000 Studenten die Möglichkeit gegeben werden, kostenfrei den Flugschein für Motorflugzeuge zu machen. Dies natürlich auch im Hinblick möglicher späterer Kriegsgefahren. Die Civil Aeronautics Authority (CAA) wurde mit diesem Programm betraut, die auch die Gelder des Senats über die neugegründete National Youth Administration verteilte. Später entstand übrigens aus der CAA die die amerikanische Luftfahrtbehörde FAA (Federal Aviation Administration). Wie weise die Entscheidung des Präsidenten damals war, sollte sich sehr viel später heraus stellen.

Werbung für die L-4

Bei Piper wurden Monat für Monat die Produktionskadenzen angehoben. Die 1939 verkauften 1.347 Maschinen sind auch deshalb möglich gewesen, weil das initiierte CPT-Programm schon im Sommer 330 Studenten an Flugschulen vermittelt hatte, um den Flugschein zu machen. Der Zuspruch, obwohl zunächst nur ein Test, war so groß, dass das CPT sogar gesetzlich verankert wurde. Für die Vermittlung der Studenten an die Flugschulen erhielt jedes College 20 Dollar, während 1.460 Flugschulen mit je 290 Dollar pro Flugschüler auskommen mussten. Die Rechnung ging für sie trotz dieser knappen Kalkulation voll auf. Piper war zwar nicht der einzige Lieferant der Schulflugzeuge, doch wie bei einer späteren Erhebung bekannt wurde, waren dreiviertel aller Maschinen, die in das Programm involiert waren, Piper-Flugzeuge.

10% aller am CPT-Programm teilnehmenden Studenten waren weiblich. Beim Eintritt der USA in die Kriegshandlungen 1941 (nach dem Angriff der Japaner auf Pearl Harbour) wurden Frauen jedoch ausgeschlossen, und das Programm wurde in War Training Service (WTS) umbenannt. Allgemeine Engpässe bei der Ersatzteilbeschaffung führten dazu, dass die Regierung jeglichen Verkauf von Ersatzteilen oder ganzen Flugzeugen bis 500 PS an Zivilpersonen unterband. Sie ließ sogar über die CAA sämtliche verfügbaren Kleinflugzeuge über Nacht konfiszieren. Das WTS-Programm endete 1944 kurz vor Kriegsende. Die Bilanz konnte sich aber sehen lassen. 435.165 Studentinnen und Studenten hatten das CPT-/WTS-Programm erfolgreich absolviert und das mit 6.177 Maschinen im Regierungsbesitz und 1.401 privaten Maschinen.

Auch wenn jeder Toter einer zu viel ist, so lag die Unfallrate mit Todesfolge bei der Ausbildung extrem niedrig. Auf 12.260.580 geflogene Kilometer kam ein tödlicher Unfall. Dieses Sicherheitsergebnis war größtenteils aber auch auf die strengen Ausbildungsstandards zurückzuführen, die für alle Schulflugzeuge, egal ob Cub, Aeronca oder Taylorcraft, gleich waren. Und das zusätzlich unter dem Kostendruck von nur sechs Dollar pro Flugstunde! Ein ähnlicher Sicherheitsstandard wurde danach in den USA nie wieder erreicht, obwohl mit Sicherheit behauptet werden kann, dass sich die Qualität der Flugzeuge und ihre Zuverlässigkeit in den Folgejahrzehnten noch wesentlich erhöht haben!

Das CPT-Programm und Sonderanwendungen treiben die Fertigung hoch

Was aber geschah bei Piper ab 1938 neben den späteren Auslieferungen an die CPT-/WTS-Flugschulen? Immerhin war 1939 die Fertigung ja in Höchstform angelaufen! Das Nachbarland Kanada war schon seit jeher guter Kunde amerikanischer Produkte, denn deren eigene Luftfahrtindustrie war ja eher bescheiden. Die großflächigen, oft menschenleeren und kaum von Verkehrswegen erschlossenen Gebiete mit endlos vielen Seen und zahlreichen Flussläufen, verlangten geradezu nach Flugzeugen. Besonders gefragt waren aber Schwimmer und Skier für den Winter und das gestern wie heute. Relativ schnell hatte es sich auch herumgesprochen, dass sich die Piper J3 Cub als hervorragendes Busch- und Wasserflugzeug eignet. Die wenigen Pisten, die man hatte, oder die auch erst nach und nach auf oft steinigen Böden angelegt wurden, waren kurz und oft mit bis zu tennisballgroßen Steinen belegt. Was konnte da besser sein als die großen Ballonräder der Cub, die solche Pisten duldsam schluckte. Auch die vielen zur Verfügung stehenden Wasserflächen verlangten nach Erschließung und man war endlich mit dem Flugzeug in der Lage, in Gebiete vorzustoßen, die bisher noch total unberührt waren.

Erfolgreiche Verkäufe ins Ausland

Nach anfänglichen Lieferungen in den Norden, noch vor 1938, entschloss man sich unter der Typbezeichnung J3 Cub »Prospector« (was so viel wie Schürfer oder Goldsucher bedeutet), in Kanada selbst 150 Maschinen zu fertigen, die als Bausätze geliefert wurden. Ähnlich vollzogen sich auch die Lieferungen für Dänemark. In Lyngby wurde eigens eine kleine Montagefirma unter dem Namen Cub Aircraft Co. Ltd. gegründet, in der 24 J3C Cub endmontiert wurden. Ihnen gingen 16 Lieferungen vom Typ J2 Cub voran. Und später fertigte man dort auch noch acht J4 Cub. Insgesamt eine stolze Zahl für so ein kleines Land.

Nach Kanada und Dänemark erhielten später auch Chincul S.A.C.A.I.F.I in Argentinien, Aeromercantile in Kolumbien und AERO Saifa in Chile Piper-Bausätze, wobei Embraer durch die jahrzehntelange Lernphase heute zu den ganz großen Flugzeugherstellern der Welt zählt, dies nicht zuletzt auch aus der Lernphase mit Piper heraus. Die Kontakte nach Südamerika entstanden allerdings erst nach dem Krieg.

Die J3 wurde natürlich auch mit Skiern ausgerüstet.

Unfälle mit modifizierten Maschinen schaden dem Ruf

Weniger glücklich war man bei Piper in Lock Haven mit den Bastlern unter den Fliegern. Sie gaben immer wieder Anlass zur Sorge, wenn wieder mal eine Piper, so stand es zumeist in der Presse, aus angeblich ungeklärten Umständen vom Himmel fiel. Es waren die unzähligen Versuche von Amateurflugzeugbauern, aus der Piper ein anderes Flugzeug zu entwickeln, weil man damit natürlich die Flugeigenschaften völlig verändern konnte. So wurden die Flügel gekürzt, was die Maschine um die Rollachse zwar wendiger machte, wodurch sich aber die gutmütigen Langsamflug-Eigenschaften zum Negativen änderten. Zwar mussten solche Flugzeuge in der Homebuilt-Klasse zugelassen werden, doch bei jedem Unfall mit einer dann für einfachen Kunstflug ausgelegten Version, wirkte sich das auf das Piper-Image negativ aus. In Pilotenkreisen wurden diese Maschinen als Clipped Wing bezeichnet. Ganz vergessen sind die Clipped Wings bis heute nicht. Wann und wo immer es geht, treten ihre Eigner mit spektakulären Kunstflügen auf. Und man spricht dann doch wieder von einer Piper, eben einer Clipped Wing.

Auch gab es erste Versuche mit einem Bugrad und so gar eine zweimotorige Version, von der später mehrere Maschinen flogen. Diese Version, die nur schwach motorisiert war, flog als Miller M-6 Twin. Eine ganz besondere Variante war der Wagner Twin mit zwei parallel liegenden, an den Schnittkanten zusammengefügten J3 Rümpfen, von denen die nach innen zugewandten Flächen- und Höhenleitwerksteile einfach abgesägt wurden. Damit sich am Bug die Propeller nicht überschnitten, wurde der linke Propeller etwas weiter nach vorne gesetzt. Wagner packte dafür zwei 85 PS-Motoren unter die Cowlings. Er wendete diese Methode später auch noch in der PA-11 und PA-22 an.

Den Vogel schoss aber die Stunttruppe Dandon ab, die zwei Maschinen so ähnlich verbanden, wie in jüngerer Zeit die Space-Shuttles auf dem Rücken der Boeing-747 transportiert wurden. Auf großen Airshows lösten sie in der Luft den »Verband« und flogen nach Einzelprogrammen kurz vor der Landung wieder in die »Huckepack«-Stellung, um dann als eine fliegende Einheit wieder zu landen.

Aus diesen Erfahrungen heraus arbeitete man in den 50er-Jahren daran, besonders auch um die professionellen Hersteller vor Rufmord zu schützen, indem man bei der Luftfahrtbehörde FAA die 51%-Regel erdachte. Diese regelt, dass ein Flugzeug nur dann in der Experimental-Klasse zugelassen werden kann, wenn der Amateur-Flugzeugbauer mindestens 51% des Flugzeuges selbst hergestellt hat.

Die J4 Cub soll nebeneinander liegende Sitze haben

Obwohl William T. Piper ein sehr sturer Kopf gewesen sein muss, ließ er sich von seinen Mitarbeitern dann doch ab und zu breitschlagen. Es waren Hanford Eckman zusammen mit Walter Jamouneau, dem Chefingenieur, die an der Konstruktion einer J4 Cub werkelten. Die J4 Cub, so in erster Linie Eckmann, sollte weg von dem Image des reinen Schul- und Übungsflugzeugs, was Taylorcraft und Aeronca längst praktizierten. Ein Leichtflugzeug, so die Überlegung, sollte das Reisemittel für den jungen Amerikaner werden, der mit seiner Frau größere Reisen über den Kontinent unternimmt. Zwangsläufig führte das wieder zu einer Side-by-side-Anordnung der Sitze und

J4 Cub Coupe

einer größeren Kabinenhöhe, nicht nur für größere Personen, sondern auch zum bequemeren Einstieg, der bei der J3C Cub ja eher eine leichte turnerische Übung voraussetzte. Die Kabinenvergrößerung kam indes von Piper selbst, der anfangs von dem Entwurf der J4 Cub nicht so sehr begeistert war. Nach wie vor hielt er an der Philosophie seiner Schulflugzeuge System J3C Cub fest. Hanford Eckmann, der zweite Mann nach Jamouneau, setzte sich auch für Metalltüren ein, die einen etwas professionelleren Eindruck als die stoffbespannten Stahlrohrkläppchen machten.

Zudem musste allerdings auch je nach Kundenwunsch der Motor nicht mehr wie bei allen Vorgängertypen von Hand angeworfen werden. Continental verpasste dem 50 PS-Motor einen kraftvollen elektrischen Anlasser, der gegen Aufpreis geliefert wurde. Damit die J4 Cub auch wirklich als Reiseflugzeug angeboten werden konnte, konstruierte man hinter den sehr viel bequemeren Sitzen als bei der J3C Cub einen Gepäckraum für bis zu 50 kg Reisegepäck! Mit diesen Features konnte sein Besitzer die nun mitreisende Freundin oder Frau zusätzlich beeindrucken.

Die J4 Cub Coupe ließ die Dollars sprudeln

Am 26. Oktober 1938 erhielt die J4 Cub Coupe die Zulassung. Sie war genau das, was die Mitbewerber schon auf dem Markt angeboten hatten. So, wie inzwischen auf dem Automobilmarkt unterschiedliche Ausstattungsvarianten angeboten wurden, konnte sich der Piper-Interessent auch individuell auf seine Bedürfnisse abstimmen, dies insbesondere in der Auswahl der Motoren, die je nach Hersteller von 50 PS bis 75 PS frei wählbar waren. Die J4A Cub mit dem Continental A-65 war die begehrteste Version, während die B-Variante mit einem Franklin-Motor gleichwenig gefragt war, wie die Ausstattung mit dem Dreizylinder-Lenape-Papoose-Motor, der ja schon in der J3C Cub nicht überzeugt hatte. Ebenso wie die J4A Cub wurde die J4E Cub angeboten, die einen 75 PS Continental trug. 1938 konnten schon 31 J4C Cub mit dem 50 PS-Motor von Continental ausgeliefert werden, wobei das C zunächst auch nur für Continental und Cub Coupe stand. 1.995 Dollar, genau 1.000 Dollar mehr als die J3C Cub noch auf der Weltausstellung in New York angeboten wurde, kostet diese »Luxus-Piper« nun. Dafür hatte die 65 PS-Version auch ein vollverkleidete Cowling! Während die ersten 50 PS Continental Versionen der J4C Cub Coupe noch einen Treibstofftank hinter dem Brandschott hatten, bekamen die späteren Serienversionen einen 65 Liter-Flügeltank (links in der Flügelwurzel) und als Option einen kleineren mit 35 Liter (rechts).

Piper musste einsehen, dass die J4C Cub durchaus am Markt gefragt war, zumal damit mehr als doppelt so hohe Umsätze zu erzielen waren, wie mit der bewährten Tandem-Version J3C Cub. 1939 konnte die Stückzahl auf 1750 angehoben werden. Im gleichen Jahr noch holte er sich aus Detroit den Auto-Designer Harry S. Pack, der insbesondere der J4C Cub Coupe widmen sollte. Bei den Kraftfahrzeugen war zum gleichen Zeitpunkt das große Chrom-Fieber ausgebrochen. Kein KFZ ohne Chromstreifen, eine Mode, die Jahrzehnte lang anhielt und sich auch auf Europa übertrug. Der Designer Pack schaffte es, Piper davon zu überzeugen, diese eigentlich völlig unsinnigen Chromleisten auch der J4 zu verpassen, obwohl die zusätzliches Geld kosteten und sonst keinerlei Sinn machten. Der Chrom-Trend vollzog sich bis zu den verchromten Steuerknüppeln und verschiedenen Innen-Zierleisten und schließlich verpasste Designer Harry S. Pack den weicheren Sitzen auch noch zweifarbige Polster, deren Farbe sich der Kunde aussuchen konnte. Und bei der spartanischen Standardinstrumentierung kam noch eine Uhr hinzu. Ein Funkgerät, damals noch teuer und nur zweikanalig, musste allerdings extra bezahlt werden. Und selbst bei der äußeren Farbgebung sprang Piper über seinen Schatten und ließ die verschiedensten Farbkombinationen zu.

Neben den üblichen Motorisierungen von Continental und Lycoming wurden auch Franklin-Motoren eingebaut. In einer J4 Cub Coupe konnte erstmals durch eine angepasste Cowling der gesamte Motor umschlossen werden, was die Geräusche innen wie außen stark reduzierte. Mit 540 verkauften Maschinen vom Typ Piper J4 war 1940 denn auch das erfolgreichste Jahr für diesen komfortableren und besser ausgestatteten Cub-Typ, auch wenn er nicht mit den Verkaufszahlen der Konkurrenz mithalten konnte, die von Anfang an stärker auf die Kundenwünsche eingegangen waren. Schon 1941 gingen die Bestellungen zurück, was auch auf den drohenden Krieg im Pazifik und dem möglichen Kriegseintritt in Europa zurückzuführen war. Schlussendlich wurden nur 1.251 J4 Cub Coupe gefertigt, deren Fertigung 1942 ganz eingestellt wurde. Sehr spät erkannte auch das Militär die Vorzüge der J4 und konfiszierte ebenfalls einige dieser Maschinen, die unter L-4E geführt wurden. Kurz zuvor hatte die Luftfahrtbehörde eine Statistik veröffentlicht, aus der hervorging, dass 60 % aller Leichtflugzeuge in den USA bereits aus dem Hause Piper stammten. Bemerkenswert sind auch die in den Piper-Unterlagen immer wieder auffallenden Versuchsmuster, die als Experimental-Flugzeuge ausgewiesen wurden. So unter anderem auch eine als J4RX bekannte Maschine, die unter der Zulassungsnummer NX 22941 Trapezflügel besaß.

J5 Cub Cruiser

Der erste Dreisitzer: J5 Cub Cruiser

Die Cub Cruiser lehnte sich zwar an die Cub Coupe an, doch der Rumpf war so aufgebaut, dass er vorne nur den Piloten aufnahm und dahinter zwei Passagiere Platz fanden. Nicht jedermanns Sache, doch als sie 1939 präsentiert wurde und dazu eine Art Autoeinstiegstür auf der linken Seite erhielt, war das Interesse fast gleichgroß wie für die J4 Cub. Zusätzlich bot man eine Kabineninnenbeleuchtung an, die über eine Pufferbatterie mit der Lichtmaschine gekoppelt war. Warum sollte man in einem Flugzeug, auch wenn man es eigentlich nur tagsüber unter Sichtbedingungen fliegt, nicht auch eine paar kleine Lämpchen haben, die zu dem Zeitpunkt inzwischen jede Limousine aufwies. Ein Flugzeug für 1.798 Dollar für drei Personen, wer konnte das schon bieten? Allerdings war der 50 PS Conti zu schwach und das Entwicklungsteam wählte dafür den 75 PS Conti aus, der die J5A Cub immerhin knapp 130 km/h schnell machte. Wie bei der J3C Cub ragten die vier Zylinderköpfe durch die Cowling. Bei der gleichstarken Version mit dem Lycoming O-145-C2 konnten die Zylinderköpfe aufgrund der anderen Bauart elegant verborgen werden. Von Jahr zu Jahr stiegen die Verkäufe der J5 Cub Cruiser. 1940, dem ersten wahren Produktionsjahr der J5 lagen die Verkäufe bei 488 Einheiten, die 1941 auf 776 anstiegen. Das nicht zuletzt auch, weil viele Vercharterer aufblühten.

J3C Cub blieb weiterhin das Erfolgsmodell

Begründet war das auch darin, dass die meisten Charterkunden bereits auf der J3C Cub das Fliegen erlernt hatten und sich die einzelnen Cub-Modelle-rein fliegerisch, bis auf ihre Leistungen, kaum unterschieden. Das machte es Schulen, wie auch Vercharterern leicht, das nächstgrößere Modell ohne großes Risiko anzubieten und in den Flugzeugpark einzureihen. Insgesamt konnten 3.759 J5A Cubs an den Mann gebracht werden. Erstmals hatte sich damit bei Piper auch gezeigt, dass es durchaus Sinn machte, sich den Kundenwünschen etwas stärker anzupassen, außerdem hatte man nun mit den drei Typen auch ein vielfältiges Angebot, von dem die Mitbewerber noch träumten.

In Lock Haven liefen somit gleichzeitig auf drei Fertigungsstraßen die Montagen der Basismodelle J3C Cub, J4 Cub Coupe und J5 Cub Cruiser. Der Weitblick Pipers beim Kauf der alten Seidenspinnerei machte sich insofern auch bezahlt, dass Erweiterungen am Gebäude nicht erforderlich waren. Die dafür benötigten Produktions- und Montageflächen wurden einfach je nach Bedarf zusätzlich belegt, Platz war ja da.

Army und Marine Corps setzen vorerst auf PS-starke Muster

Das laufende CPT-/WTS-Programm ließ William T. Piper auch darüber schon lange vor Amerikas Kriegseintritt darüber nachdenken, wie er dem Militär seine Maschinen für unterschiedlichste Missionen, von der Schulung über Beobachtung, zur Feuerleitung für die Artillerie, dem Verwundetentransport, für Kurier- und Patrouillenflüge, bis zum möglichen Kampfflugzeug mit leichten Raketen anbieten könnte. Weil es zu diesem Zeitpunkt noch keine Luftwaffe gab, musste er sich an die Army und an das Marine Corps wenden, die spezielle Air Corps unterhielten.

Mehrfach, so auch schon 1940, unternahm er Anläufe, sowohl die militärische Führungsspitze im Kriegsministerium als auch in den Stäben die Vorteile seiner leichteren und sehr viel billigeren Maschinen anzupreisen. Doch allein die Tatsache, dass 11.537 Consolidated-Vultees BT-13, ein Tiefdecker mit 450 PS, und 8.584 Boeing Stearman bei der Armee und den Squadrons der Navy für die Ausbildung und Beobachtung der Vorzug gegeben wurde, lässt erkennen, dass man eigentlich nicht interessiert war, Flugzeuge nach tatsächlichen Bedürfnissen zu beschaffen. Zwar gab es immer wieder Anfragen, ob man zu Demo-Zwecken eine oder auch mehrere Maschinen bei Manövern zu Verfügung stellen könne, doch blieb Piper, immer wieder auf konkrete Antworten wartend, meist auf den entstanden Kosten sitzen.

Dass sich dennoch zu einem späteren Zeitpunkt die Piper-Maschinen auch in die militärischen Beschaffungsprogramme einreihen konnten, verdankte Piper wohl auch zwei Zufällen. Der eine sollte der inzwischen bekannten L3 Cub später den Namen »Grasshopper« verleihen. Zum gleichen Zeitpunkt hatten nämlich mehrere Vultees ebenfalls an einem Manöver teilgenommen. Doch das sehr hügelige Gelände machten deren Fahrwerken schwer zu schaffen, während die J3C Cub federleicht jede kleine Bodenwelle locker schluckte und am Ende dieses Manövers als heimlicher Gewinner hervorging. General Innis P. Swift meinte nur, die Piper sei ein »Grasshopper«, ein Grashüpfer. Das war mehr als nur eine Auszeichnung!

Die L-4 im Einsatz.

Begegnung mit dem späteren US-Präsidenten, der auf der J3 Cub das Fliegen lernte

Das zweite Ereignis war die zufällige Begegnung des Piper Verkaufschefs William D. Strohmeier, der als Pilot ebenfalls an einem Manöver teilnahm und einen Colonel mit an Bord nahm, der aus der Luft Biwaks inspizieren wollte. Als dieser von seinen Flugerlebnissen auf den Philippinen erzählte und dass er selber mal auf einer Piper das Fliegen gelernt habe, übergab Strohmeier ihm das Steuer spontan und war mehr als erstaunt, wie lässig der in eine kleinen Waldlichtung hinein landete und auch anschließend wieder herauskam. Die Männer verloren sich danach wieder aus den Augen, doch viel später erfuhr Strohmeier, wer dieser damalige Colonel wirklich war: Es war kein anderer als der spätere US-Präsident, Dwight D. Eisenhower.

Wie wichtig solche Ereignisse sind, die sich jedoch meistens im Hintergrund abspielten, wurde Piper erst später bewusst, als es darum ging, den Betrieb mit seiner Flugzeugproduktion auch zu eventuellen Kriegszeiten weiterhin voll auszulasten. Denn ein möglicher Absatzrückgang und ein totaler Baustopp der Flugzeuge hätten weder Piper noch seine Mitarbeiter begeistert. Erst recht wäre man nicht besonders erfreut gewesen, wenn man nur zum Unterlieferanten kriegswichtiger Teile degradiert worden wäre, weil man sich danach erst wieder Know-how hätte mühsam über Jahre erarbeiten müssen.

Die Armee entscheidet sich nun doch für Leichtflugzeuge

Wenige Monate später, im Dezember 1941 fiel im Kriegsministerium die grundsätzliche Entscheidung, nun doch Leichtflugzeuge bei der Armee einzusetzen. Die größeren Bestellungen gingen jedoch erst ein paar Monate später im Frühjahr 1942 ein und dies gleichermaßen auch an Aeronca und Taylorcraft. Und jetzt erst, mit 50 Jahren machte William T. Piper seinen Flugschein! Sein einziges Hobby nebenbei, denn er lebte sehr spartanisch.

Aeronca erhielt 1.439 Bestellungen vom Typ L-3 Grashopper (+ 48 Beschlagnahmungen), die sehr viel stärkere Stinson L-5 Sentinel für 3.608 Einheiten (nur für militärische Nutzung gefertigt) und 1.940 Bestellungen für die Taylorcraft L-2 Grashopper (+45 Beschlagnahmen). Den größten Anteil machte aber die Bestellung für Piper mit 5.803 L-4 Cub Grashopper aus (+ 15 Beschlagnahmen). Fast vergessen sind aber noch 574 Interstate Cadet L-6. Die Beschlagnahmungen der größtenteils über den Kontinent verteilten Privatmaschinen fanden über die CAA für das CPT-/WTS-Programm statt, während die meisten zivil georderten Maschinen an den Flugschulen verblieben, die ohnehin zu Kriegszeiten nur noch für das Kriegsministerium ausbilden durften.

17 Piper J-4 Cub wurden später unter der Musterbezeichnung L-4E Cub ebenfalls konfisziert, was keinen Bezug zur normal militärischen L-4 Cub hatte, die ja aus der J3C Cub abgeleitet war. Das L stand übrigens grundsätzlich für Liaison (Verbindung). Es war bei der USAAF die Kennzeichnung für leichte Verbindungs- und Aufklärungsmaschinen. Die L-4 Cub oder auch als 059 »Grashopper« bezeichnete Maschine hatte auf militärischen Wunsch hin zur besseren Beobachtung eine weiter zum Heck hin durchgezogene Plexiverglasung. Auch das Mittelstück der Tragfläche war der besseren Beobachtung wegen voll verglast. Ein Zugeständnis Pipers, weil dadurch tatsächlich die Sicht auch nach oben wesentlich verbessert wurde. Eine Sonderrolle nahm die HE-1 als Sanitätsflugzeug bei der Marine ein, die 100 Maschinen in den Jahren 1942 und 1943 erhielt.

Die ersten L-4 Cub Grashopper werden ausgeliefert

Die Artillerie des US Army Corps erhielt das erste Los mit 1.500 L-4 Cub »Grashopper«. Allerdings wären um ein Haar bei einem ersten Einsatz in Marokko die drei Besatzungen abgeschossen worden. Von einem Flugzeugträger gestartet, sollten sie 1942 die Ziele beobachten und Zielanweisungen nach der Landung durchgeben. Doch nach Erreichen der Küstenlinie wurde sie von den eigenen Schiffen beschossen, die diesen Flugzeugtyp trotz Kennzeichnung nicht als den eigenen erkannt hatten. Als sie dann notgedrungen am Strand fast total zerschossen landeten, wurde sie wiederum von befreundeten französischen Truppen unter Feuer genommen, die den Beschuss über See mitbekommen hatten. Die unglückseligen Piloten, einer davon verletzt, wurden vorübergehend gefangen genommen, bis sich der Sachverhalt geklärt hatte.

Eine der sehr gut restaurierten L-4 »Grashopper«.

Die L-4 Cub wurde in erster Linie für die Artillerie als Beobachtungsflugzeug eingesetzt, gelegentlich diente es Foto- und Filmdokumentionen, sowie als Verbindungsflugzeug für die militärische Führung. Es soll aber auch gelegentlich als bewaffnetes Kampfflugzeug benutzt worden sein, weil man glaubte, mit ungelenkten Raketen (Bazookas) auch Panzerfahrzeuge angreifen zu können.

Aus der L-3 Cub ohne Motor werden Lastensegler-Trainer

Eine ganz andere Sondervariante hatte sehr viel größeren Erfolg. Es waren die motorlosen, leicht modifizierten J3 Cub, die anstelle des Motors eine aerodynamisch verkleidete Nase mit einem Dreimann-Cockpit erhielten und die als TG-8 zur Ausbildung von Lastensegler-Piloten dienten. Bei Piper wurden insgesamt 253 solcher Segler gefertigt, wovon drei Einheiten auch der Navy zu Testzwecken überstellt wurden. Die Army bildete darauf 6.000 Piloten für diese Himmelfahrtskommandos aus, wobei auch 250 TG-6 von Taylorcraft und 250 TG-5 von Aeronca gefertigt wurden.

Die Lastensegler wurden an allen Fronten in erster Linie als Einmal-Flugzeuge verwendet. Höchstselten kam es wegen der hohen Verluste zu einem zweiten Einsatz. Sie dienten dazu, Soldaten und Ausrüstung an die vorderste Front oder sogar hinter die Frontlinie abzusetzen. Der Kosten und des Gewichts wegen wurden sie fast ausschließlich aus Holz gefertigt.

Marine macht aus der J5C Cub Cruiser ein Sanitätsflugzeug und nennt sie HE-1

Die Navy zeigte kein Interesse an der TG-8, sondern bestellte bei Piper 100 Maschinen des Typs J5C Cub mit einem aufklappbaren hinteren Rumpfrücken als Verwundeten-Transporter, der mit der militärischen Bezeichnung HE-1 geführt wurde und dort hervorragende Dienste versah. Mit ihren 100 PS, dem O-235 von Lycoming, wies sie hervorragende STOL-Leistungen auf. Das Flugzeug wurde in den Jahren 1942/43 bei Piper gefertigt und konnte sich vor allen Dingen im Pazifik-Krieg bewähren. Ein Auftrag für ein Nachfolgemodell als L-14 Army Cruiser wurde gegen Kriegsende mit über 845 Einheiten jedoch storniert. Die YL-14 sollte als erste Piper-Maschine Landeklappen erhalten, die mit den fünf Prototypen noch realisiert wurden.

Der Lastensegler-Trainer von Piper, die TG8 G1.

Sanitätsflugzeug HE-1 für den Transport von verwundeten Soldaten.

Was Soldaten alles über die Piper-Flugzeuge erzählten

Wundersame Geschichten werden heute noch zum Besten gegeben, wenn es darum geht, welch hervorragende Eigenschaften die Piper L-4 Cub aufwies. Neben einer im Pazifik-Krieg erdachten Start- und Landemethode (siehe S. 40) wussten Piloten bei der Invasion in der Normandie in Frankreich durch bittere Erfahrungen recht bald, wo man landen durfte und wo nicht. Von den über 1.000 eingesetzten Maschinen, die von England aus und von Schiffen gestartet waren, gingen die ersten Maschinen über Minenfelder, Panzersperren und durch Drahthindernisse versperrte Äcker und Feldwege zu Bruch. Sehr schnell erkannte man aber, dass einigermaßen sichere Landungen zwischen weidenden Kühen gefahrloser zu meistern waren, wenn schnell über Funk durchgegeben wurde, was die nachfolgende Piloten beim Anfliegen vor ernsthaften Schäden bewahren konnte. Die Kühe liefen vor den landenden Maschinen auseinander und Flugzeug und Insassen blieben unverletzt.

Auch wussten gegnerische Soldaten zu berichten, dass dort, wo die kleinen olivfarbenen und sehr langsam fliegenden »Putt-putt-Flugzeuge«, wie die L-4 Cub auf Feindesseite schnell genannt wurde, auftauchte, die Artillerie sehr viel genauer traf. Das war nicht verwunderlich, denn als »Fluggast« saß dort immer ein Feuerleit-Offizier der Artillerie an Bord, der viel präzisere Anweisungen aus der Luft geben konnte, als sie vom Boden aus möglich waren. Für die Abwehr hingegen waren die langsamen Maschinen nicht so leicht zu treffen, wie man meinen sollte, weil sie manchmal sehr schnell in engen Kurven dem feindlichen Beschuss ausweichen konnten.

Die Cub war auch später beim Militär sehr beliebt.

US-Marine nutzte pfiffige Start- und Landemethode

Mittels Dampfkatapult wurden schon 1942 während der Nordafrika-Invasion auf der USS Ranger, einer Art Flugzeugträger, L-4 gestartet. Und da auch bei späteren Operation an anderen Kriegsschauplätzen nicht überall Flugzeugträger zur Stelle waren, wollte man dennoch nicht auf die Observation durch Flugzeuge verzichten und ersann unter anderem bei den pazifischen Truppen in Okinawa eine am Seil-Startmethode, die sich bestens bewährte. Diese, nach dem Erfinder Brodie-Device genannte Methode, war ein gespanntes Seil zwischen zwei im Gegenwind schnellfahrenden Landungsschiffen, an deren Laufrolle ein zirka 10 m langes Seil mit einem Haken hing, an dem wiederum eine speziell ausgerüsteten L-4 Cub eingeklinkt war. Auf der L-4 Cub war auf der der Oberseite des Tragflächenmittelstücks eine einfache pyramidenartige Stahlrohrkonstruktion angebracht, die vom Piloten am Seil gelöst oder arretiert werden konnte. Zum Start musste der Pilot, der mit der Piper unter dem Seil hing, Vollgas geben und bei genügend Fahrt nur per Seilzug den Haken ausklinken. Die »Landung« funktionierte umgekehrt. Der Pilot flog in einem spitzen Winkel unter das gespannte Seil und ließ sich so auffangen. Ein zusätzliches Fangseil dämpfte bei der »Landung« die Maschine ab. Die Methode soll auch mit zwei hohen Stangen an Land funktioniert haben, zwischen die das Seil gespannt war. Noch effizienter erwies sich die Methode auf einem Schiff, zwischen dessen seitliche Ausleger das Seil gespannt war und unter dem sich das Auffangsystem zum Starten und Landen befand. Am besten funktionierte es bei voller Fahrt der Schiffe. Beim »Landen« unter dem Seil pendelte die Maschine durch das Dämpfungsseil zwar stark aus, aber hing sie erst einmal am Seil, konnte nichts mehr schiefgehen, ganz im Gegensatz zu Flugzeugträger-Landungen, wo der Pilot sehr geistesgegenwärtig sofort wieder Vollgas geben musste, wenn er das Fangseil nicht getroffen hatte. James H. Brodie, ein HYPERLINK "http://en.wikipedia.org/wiki/Captain_%28land%29" Captain der USAAF, ging auf diese Art und Weise in die Luftfahrtgeschichte ein; er ließ seine Start- und Auffangmethode sogar patentieren.

Eingebracht hatte es ihm allerdings nichts. Die Methode geriet allerdings schnell wieder in Vergessenheit, weil es auch danech keine ähnlichen Bedarfsfälle gab.

Die Piper L-4 Cub galt als erfolgreichstes Verbindungs-Flugzeug im Zweiten Weltkrieg

Neben den Alliierten (USA, Kanada, Großbritannien) flog die L-4 Cub in der Militärversion auch in Brasilien, in China, Frankreich, in Kolumbien, Korea, Norwegen, den Philippinen, in Thailand und in der damaligen Tschechoslowakei. Berücksichtigt man das CPT-/WTS-Programm, so wurde einmal nach dem Krieg hochgerechnet, hatten dreiviertel aller amerikanischen Piloten ihre ersten Flugstunden auf diesem Flugzeugtyp absolviert.

Man nannte William T. Piper den »Henry Ford der Luftfahrt«

Piper, so wurde schon damals gewitzelt, habe den Amerikanern das Fliegen beigebracht. Tatsächlich entstanden dadurch sowohl vor als auch nach dem Krieg viele Regionalflugplätze und weil besonders die Piper-Flugzeuge so bekannt waren wie ihr nimmermüder und bester Repräsentant William T. Piper selbst, nannte man ihn auch »the Henry Ford of Aviation«.

Die Piper L-4 Cub konnte William T. Piper jeweils mit 2.500 Dollar je Einheit verkaufen. Das war ein gutes Geld, während sonst überall auf der Welt während des Krieges die Gelder für das Militär ausgegeben wurde, aber nicht direkt in die Kassen der Unternehmen flossen. Fast unübersehbar groß schien die Zahl der überzähligen L-4 Cubs, auch wenn nach dem Zweiten Weltkrieg noch einige Muster auf anderen Kriegsschauplätzen im Einsatz waren. Die Nachkriegszeit brachte viele Änderungen, aber auch die Möglichkeiten, Kriegsgerät wieder in zivile Hände zu geben. Ohne große Mühen wurde ein Teil der noch gut erhaltenen TG-8 Trainingssegler durch Einbauen eines Motorträgers und eines Motors in normale J3 Cubs umgerüstet. Eine solche J3 Cub mit dem Kennzeichen HB-OXD fliegt noch heute in der Schweiz!

Schwierige Nachkriegszeit mit Höhen und Tiefen

Die Nachkriegszeit hinterließ in den Vereinigten Staaten viele Spuren. Ehemalige Militärpiloten bemühten sich aus den Restbeständen von Armee und Navy Flugzeuge zu kaufen, um ihre Lizenzen zu erhalten. Wer Geld hatte, griff schnell mal zu, quasi noch zu Preisen von Vorkriegszeiten ein neues Flugzeug zu ordern, und in manchen Köpfen spukten Ideen herum, das ganze Land mit Flugplätzen zu übersähen und diese - vergleichbar wie an den Autobahnen - mit Tank- und Raststellen auszustatten. Nach neuen Märkten suchend, stattete man in Lock Haven zwei J3C Cub mit einem 75 PS A75-8 von Continental aus und montierte unter die Flügel ein Sprühsystem. Der Tank kam auf den hinteren Sitz. Die Versuche wurden aber schnell wieder eingestellt.

Der Markt gestaltete sich zunehmend komplizierter, weil weder Händler noch Käufer vorhersehen konnten, ob Piper die Bestellungen auch rechtzeitig umsetzen konnte. Es wurde dann einfach auf Verdacht bestellt. Fast schlagartig füllten sich die Auftragsbücher auch bei den anderen noch produzierenden Flugzeugherstellern. Mancher Kunde bestellte sein Flugzeug gleich bei mehreren Händlern, um sicher zu gehen, auch wirklich rechtzeitig beliefert zu werden. Es entstand eine Blase, die den Herstellern vorgaukelte, dass der Bedarf höher sei als tatsächliche Bestellungen vorhanden waren. Doch die Händler zeigten sich mit dieser Lösung durchaus zufrieden. Den echten Bedarf zu erkennen, war einfach Sache der Hersteller selbst.

Piper setzt seine Initialen auf alle Typbezeichnungen

Die zurückkehrenden Weltkriegspiloten lobten die L-4 Cub über den grünen Klee und so wurde die J3C Cub nahezu unverändert weiter gebaut. Allein im Jahr 1946 verließen 7.773 Maschinen das Werk, die als PA-12 weiterentwickelten J5 Cub Cruiser. Man übersprang zunächst die PA-11, an der zwar auch weiter gearbeitet wurde, doch bediente man sich zunächst dem zusätzlich zur J3C Cub gefragten Modell und das war die J5 Cub Cruiser. Was auffällig war, waren die neuen Typenbezeichnungen, die fortan mit PA, also Piper Aircraft anfingen. Das bezieht sich auf alle Piper-Typen bis zu heutigen Zeit. Die J5 Cub

Cruiser war ja schon vor dem Zweiten Weltkrieg ein großer Erfolg. Als die PA-12 Cub Super Cruiser im Oktober 1945 ihren Erstflug durchführte, musste man schon genauer hinsehen, welche Verbesserungen sie gegenüber der J5 Cub Cruiser trug. Da war einmal eine nur leicht verbesserte Drei-Mann-Kabine mit ein paar optischen Schönheitskorrekturen. Neben den eingebauten Flächentanks befanden sich unter der Flügelstirnseite Glasröhrchen, die über einen Schlauch mit den Tanks verbunden waren und demPiloten in Augenhöhe den genauen Kraftstofffüllstand anzeigten. Der Pegel im Glasröhrchen war durch den ohnehin eingefärbten Kraftstoff leicht ablesbar.

Der Dreisitzer PA-12 Cub Super Cruiser erhielt zuerst den 100 PS (73,5 kW) starken Lycoming-Vierzylinder-Boxermotor. Allerding verzichtete man im Schriftverkehr bei der PA-12 Super Cruiser auf den Beinamen Cub und auch auf die Bärchen am Leitwerk, verwendete aber dennoch auf Werbeplakaten und Prospekten dann wieder den Zusatz Cub. Bereits 1946 wurden 1.453 PA-12 Cub Super Cruiser geliefert. Insgesamt kam man auf über 3.759 Einheiten für diesen Flugzeugtyp, deren letzte Exemplare 1948 mit dem 115 PS Lycoming und dem O-235-C1 ausgeliefert wurden.

Die 20.000. Maschine verlässt das Werk Lock Haven

Piper war 1946 schon fast auf dem Zenith seiner Flugzeugfertigungen angelangt. Die Arbeiter mussten teilweise sechs Tage die Woche in Schichten arbeiten. Zusammen mit der J3 Cub und der PA-12 wurden in diesem Jahr 7.787 Maschinen gebaut! Inzwischen wurde auch ein Teil der Flugzeuge im Zweigwerk in Ponca City, Oklahoma zusammengesetzt. Im Mai 1946 konnte Piper stolz das Rollout des 20.000. Flugzeuges vermelden. Leah Jones, ein Überführungspilot erzählte Jahre später einmal, dass an einem Tag 35 Maschinen des Typs J3C Cub ausgeliefert wurden. Dennoch wurde die J3C Cub-Produktion 1947 eingestellt. Man machte sich wohl schon größere Hoffnungen auf die PA-11 Cub, die als Nachfolgemodell gesehen wurde.

Piper PA-12 Cub Super Cruiser.

Flutkatastrophe sucht das Werk heim

Noch im Mai 1946 schwoll der Susquehanna River, an dem das Werk Lock Haven lag, so stark an, dass er den Flugplatz und das untere Stockwerk des Fabrikgebäudes völlig überschwemmte und mit dickem braunen Schlamm einhüllte. Damit erwies sich die damalige Entscheidung, Lock Haven als neuen Produktionsstandort zu wählen, erstmals als nachteilig. Doch hinter Naturgewalten steckt man ja bekanntlich nicht. Über 60 zur Auslieferung bereite Flugzeuge standen auf den Wiesen herum und es gab keine Chance, sie noch rechtzeitig vor den ankommenden Fluten auf höher gelegene Flugplätze in der Umgebung zu fliegen. Der Grund: die Überschwemmung setzte am Sonntag ein und es waren nur wenige Arbeiter, die auch hätten fliegen können, so kurzfristig einsetzbar. Also konnte man nur die im Erdgeschoss gelagerten Teile in das höher gelegene Geschoss bringen und zusehen. Die »gefluteten« Maschinen wurden danach auseinandergenommen, alle geschweißten Rohre wurden angebohrt, gereinigt und anschließend mit Wachs versiegelt.

Nur vier Jahre später wiederholte sich das Desaster mit der Überschwemmung, wobei der Schaden noch größer war. 98 Flugzeuge versanken erneut im Schlamm. Und es sollte nicht die letzte Flut sein!

Die Piper PA-11 Cub war das Vorbild für die legendäre Super Cub

Aber die Arbeiten mussten weitergehen. Eine echte Nachkriegs-Neukonstruktion war nun die PA-11 Cub Special, die auch wieder den Zusatz Cub und die Bärchen auf dem Leitwerk tragen durfte. Piper wollte damit an den einmaligen Erfolg der J3C Cub und L-4 Cub anknüpfen und es sollte auch im Nachhinein betrachtet, der Vorläufer der berühmten Super Cub werden, obwohl die J3C Cub schon nach Kriegsende fast eine Legende war. Im Prinzip waren die Änderungen für die PA-11 Cub Special aber auch nur »kosmetischer« Natur. Die Cowling umschloss elegant den Vierzylinder-Conti, die V-Streben vom Rumpf zum Flügel und die Fahrwerkswerks-Gummiring-

Die Piper PA-11 Cub Spezial, der Vorläufer der Super Cub.

Dämpfung wurden aerodynamisch verkleidet. Der Tank wurde auf 68 Liter Fassungsvermögen vergrößert und in die linke Tragflächenhälfte verlagert, was den Vorteil hatte, das man den ganzen vorderen Bereich zwischen Motor und Instrumentenbrett für eine bessere Sicht des Piloten verkürzen konnte. Außerdem konnte die Maschine jetzt durch die veränderte Schwerpunktlage alleine auch vom vorderen Sitz aus geflogen werden! Die ersten drei Prototypen flogen noch mit dem 48 kW (65 PS) Conti, doch die Kunden bevorzugten stärke Motoren und so entschied man sich ganz auf den 66 kW (90 PS) Conti umzustellen. 1947 begann die Serienfabrikation. Noch nicht ausgelieferte und auf Halde stehende Flugzeuge mit dem 65 PS-Motor wurden einfach auf den 66 kW (90 PS)-Motor umgerüstet und damit waren sie plötzlich wieder verkäuflich. Die Produktion der PA-11 Cub Special währte allerdings nicht lange. 1948 wurde der Typ nach insgesamt 1.541 produzierten Einheiten eingestellt.

Aberglauben verhindert die Musterbezeichnung »13« und macht eine PA-14 Family Cruiser daraus

Nun folgte die Unlogik der verständlichen Logik. Da Aberglauben weit verbreitet ist, so auch in den USA, wo es noch nicht mal ein 13. Stockwerk in Hochhäusern gibt, ließ Piper die Seriennummer 13 einfach aus und machte mit Nr. 14 weiter. Die als PA-14 Family Cruiser bezeichnete Version war Pipers erster Viersitzer. Der im vorderen Sitzbereich verbreiterte Rumpf bekam einen 84 kW (115 PS) Motor. Doch verglichen mit anderen Stückzahlen war die PA-14 ein Flop. In den Jahren 1948 und 1949 wurden gerade mal 238 Flugzeuge verkauft und das obwohl die Maschine erstmals von Piper mit Landeklappen ausgestattet wurde und eine vollverkleidete Cowling besaß.

Die Zurückhaltung der Käufer lag zum Teil auch daran, dass ein großer Teil der Branche die neue Zeit verschlafen hatte. Dazu kamen die Mehrfachbestellungen, die nun zurückgezogen wurden sowie die insgesamt 35.000 überzähligen Flugzeuge des Militärs, die zu Spottpreisen den Markt überschwemmten und das generell veränderte Kaufverhalten der Privatkunden. Man hatte wieder mehr Geld als in den Vorkriegs- und Kriegsjahren, womit auch in jeder Beziehung die Ansprüche gestiegen waren. Firmen in oberen Preissegmenten, die sehr viel mehr Komfort anboten, machten plötzlich das Rennen. Dazu gehörten Beech, Cessna und später auch Mooney.

Schmelzende Umsätze und Finanzen plagten das Unternehmen

Von einst bis zu 35 verkauften Flugzeugen am Tag bei Piper sank die Zahl auf klägliche fünf Einheiten. Es wurde auf Halde produziert, weil man die Arbeiter und Angestellten ja nicht entlassen wollte, das auch in der Hoffnung, dass sich die Zeiten wieder ändern würden.

PA-14 Family Cruiser bei der Auslieferung durch William T.Piper persönlich.

Da schon damals in den Staaten große Produktionen sehr viel mehr über Banken finanziert wurden, als das in Europa der Fall war, stellte sich auch gegenüber Piper eine gewisse Unruhe ein. William T. Piper, der in den Vorkriegsjahren teils auch noch mit eigenem Geld, teils mit dem der Kommunen, die Finanzgeschäfte lässig jongliert hatte, stand plötzlich mit dem Rücken an der Wand.

Noch im Juni 1947 schickte die New Yorker Hausbank einen gewissen William C. Shriver nach Lock Haven. Shriver war Finanzfachmann, der von Geld sehr viel, aber von Flugzeugen wenig verstand. Was er vor Ort festgestellt hatte war, dass die Firma ungemein viel Material hortete und dass jede Menge fertige Flugzeuge von dem Werksgebäude standen, die keiner kaufen wollte. Wer wollte schon damals noch Vorkriegsmodelle mit dem Charme der 30er-Jahre? Und nur etwas aufgehübschte Modelle waren auch nicht jedermanns Sache! Gerade deswegen gingen die Piper-Söhne Bill Piper jun. und Howard Piper auf Verkaufstour. Sie waren ebenfalls in das Unternehmen hineingewachsen.

Ein Banker rettet mit eisernem Besen die Piper Aircraft Corporation vor dem Ruin

Shriver setzte nicht nur den Rotstift an, sondern warf William T. Piper kurzerhand aus dessen Büro, um selber an seinem Schreibtisch Platz zu nehmen. Die Mitarbeiter erduldeten das forsche Auftreten Shrivers wie auch Piper selbst, wusste er doch, dass der auch ebenso schnell den Konkurs herbeiführen könnte. Piper hatte das ja selber schließlich schon einmal mit der Vorgängerfirma praktiziert. Zu den ersten Maßnahmen gehörten eine Reduzierung der Mitarbeiterzahlen besonders auf dem Vertriebssektor sowie die Schließung des Zweigwerkes in Ponca City, Oklahoma. Das Auftreten von William C. Shriver während der ganzen Sanierungsphase machte ihn zwar zum unbeliebtesten Mann in der ganzen Firma, doch sein Kunststück gelang! Im Dezember 1948 verließ er das Unternehmen, um wieder nach New York zu gehen. Er war sich sicher, dass bei Piper nun wieder alles in geordneten Bahnen lag. Dies wurde auch durch eine neue Zusammensetzung des Aufsichtsrates bekräftigt.

Werbeplakat für die PA-18 Super Cub.

PA-18 Super Cub bescherte neuen Steigflug der Cubs

Im Jahre 1949 kündigte sich die Piper PA-18 Super Cub an, nachdem die letzten PA-11 Cub im Auftrag der US Air Force für die türkische Luftwaffe gebaut wurden. Kurios war aber die Typenbezeichnung der PA-11 Cub, die 105 Maschinen trugen die Bezeichnung L-18B Super Cub. Die erste nach neuen Plänen gebaute PA-18-95 Super Cub war tatsächlich neu und hatte nur noch wenig gemeinsam mit der alten J3C Cub. Sie war in vielen Details von der PA-11 Cub abgeleitet, hatte nun auch einen Metallholm und Aluminium-Rippen. Wie die Typbezeichnung schon erkennen ließ, hatte sie einen 95 PS-Motor. Der Variantenreichtum, was die Motoren betrifft, war aber weitaus größer. Von 90 bis 180 PS sowohl von Continental auch von Lycoming war alles vertreten. Auch die ersten Super Cubs erhielten das klassische Gelb, doch der seitliche Blitz am Rumpf wurde nun statt schwarz in braun lackiert.

Die Kabine wurde leicht vergrößert, sodass auch größere Piloten Platz fanden. Die Spannweite und die Flügelfläche waren mit 10,73 m, bzw. 16,58 m2 gleich mit der PA-11 Cub und der normalen PA-18 Cub. Wenn in anderen Publikationen von der PA-18 die Rede ist, ist es in der Regel eine Super Cub. Ausnahmen bildeten die Agrarversionen PA-18A und die PA-18S und AS mit Schwimmern und die PA-18-105 Special, die von 1952 und 1953 für die Civil Air Patrol gebaute Trainerversion, die sogar für die Querrudersteuerung erstmals ein Steuerhorn erhielt.

Farmer als Neukunden für Piper-Flugzeuge

Die PA-18A ließ bei Piper zusätzliches Geld sprudeln. Farmer in den USA hatten erkannt, dass sich die 150 PS-Version mit 460 kg Zuladung bei einer Leermasse von nur 480 kg ideal als Agrarflugzeug eignete. Auf dem hinteren Sitz wurden Behälter angebracht, die entweder Saatgut, Düngemittel oder Insektizide fassen konnten und über eine Breite von ca. 22 m mit einem unter den Flügeln angebrachten Verteilersystem ausbringen konnten.

Bis 1962 konnte Piper so immerhin 2.650 Maschinen an Amerikas Farmer absetzen. Das war Pipers Einstieg in einen Spezialmarkt, der später mit der Piper Pawnee bis 1982 seine erfolgreiche Fortsetzung fand. Auch wenn die PA-18A Agricultural nur diese schlichte Zusatzbezeichnung trug, das Super Cub hätte sie gerade wegen ihrer großartigen Fähigkeit verdient, so erhielten dann doch auch die im Anschluss für das Militär gelieferten Maschinen wieder den Zusatz Super Cub!

Eine der ganz großen Neuerungen war ein modifiziertes Profil USA-35B, weil man auch erstmals dieser Super Cub Landeklappen verpassen wollte. Auch wenn man schon frühere Cub-Versionen als Kurzstart-Flugzeuge bezeichnete, so waren mithilfe der Landeklappen die Kurzstart- und Landefähigkeiten nochmals verbessert worden. Die PA-18-95 Super Cub, die den 95 PS Continental C-90-8F trug, blieb bis 1961 in Produktion, während die PA-18-105 Super Cub (nicht die Spezial!) nur von 1950 bis 1953 gefertigt wurde. Dafür kam dann die 125 PS-Version. Auch diese Variante erhielt Steuerhörner (Yokes) wie die PA-18-105 Special. Weitere Neuerung waren die Landeklappen und ein rechter Tragflächen-Zusatztank als Option.

Der erstmals optionale angebotene Metall-Verstellpropeller wurde ab der 135 PS-Version 1952 nun als Standard eingeführt. Damit eröffneten sich vollkommen neue Möglichkeiten, auch was die STOL-Fähigkeiten und die verschiedenen Schleppmöglichkeiten betraf. Ab 1955 kam dann eine sehr weit verbreitete 150 PS-Version hinzu. Sie trug den Lycoming O-320. Eine 180 PS-Version entstand allerdings nur als Einzelstück unter der Experimental-Klasse. In der Farbgebung stieg man nach dem anfänglichen Gelb auf eine etwas aufwendigere Blau-Weiß-Lackierung um. Die 150 PS-Version der PA-18 Super Cub brachte es locker auf eine Steigrate von 960 Fuß pro Minute (Vergleich: J3C-65 Cub nur 450 Fuß pro Minute). Das waren Werte, die sich sehen lassen konnten!

Nachkriegs-Beschaffungsprogramme der US-Air Force für das Ausland

Neben der Türkei rüsteten die USA im Rahmen des Mutual Defence Aid Program (MDAP) auch andere Nationen mit militärischem Material aus. Zunächst entstanden bei Piper drei Prototypen, die wie die Vorläufer der L-4 das verlängerte »Glashaus« erhielten. Sie wurden PA-19 genannt. Es blieb jedoch bei diesen drei Einheiten, auch wenn fälschlicherweise in der deutschen und der Schweizer Luftfahrzeugrolle die Typbezeichnung PA-19 für die PA-18 eingetragen ist. Piper wollte 1949 mit den drei Maschinen, die mehr oder weniger nur als Testplattform dienten, einen gemeinsamen zivilen und militärischen Einheitstyp schaffen, verzichtete jedoch auf dessen Serienvorbereitung.

Stattdessen wurde das MDAP-Programm zu einem späteren Zeitpunkt gestartet. So erhielt 1956 die Bundesrepublik Deutschland 40 Maschinen des Typs L-18C, Frankreich 444, davon 352 der Typen L-18C, 12 L-21B, sowie 80 außerhalb des MDAP-Programms und direkt bei Piper georderte PA-18-150 sowie die Niederlande 50 Maschinen L-18C, 18 L-21A, 78 L-21B, Belgien 157 L-18 C, 5 L-21B und Italien 56 L-18C, 239 L-21B. Das waren 1.167 Flugzeuge des Typs

Die PA-18 A Super Cub wurde als Agrarflugzeug für den Sprüheinsatz ausgerüstet.

Gut erhaltene L-21B im zivilen Einsatz.

Super Cub, die in diesen Streitkräften ihre Vielseitigkeit besonders als Schulflugzeug wie auch als Beobachtungs- und Verbindungsflugzeug unter Beweis stellten. Außerdem erhielten auch Norwegen, Dänemark, Griechenland und die Türkei Maschinen aus diesem Programm.

Mit größeren Rädern ausgestattet, den so genannten Tundra-Wheels, bewährten sich die Maschine auch besonders in Alaska, wo später auf 180 PS umgerüstete Maschinen aber auch gerne gesehen waren.

In den 60er-Jahren wurden jährlich nur noch um die 100 Maschinen vom Typ Piper PA-18 Super Cub gebaut. Die fetten Jahre damit waren längst vorbei. Piper hatte aber zwischenzeitlich sein Programm erweitert, sodass die Super Cub schon fast zum Außenseiter mutiert war. 1973 sank die Nachfrage nach der PA-18 Super Cub so extrem, dass man die Maschine im Piper-Werk nur noch auf besonderen Wunsch baute. Ein Jahr zuvor hatte eine noch größere Überschwemmung das Werk in Lock Haven trotz der Errichtung eines Dammes heimgesucht und das Wasser auf eine bis dahin nicht gekannte Rekordmarke ansteigen lassen. Über 100 Maschinen standen unter Wasser, darunter ein großer Teil der PA-18 Super Cubs. Mehr als die Hälfte aller Maschinen waren unbrauchbar oder es waren davon nur noch einige Teile zu retten. Dennoch wurde nach dem Absinken des Pegels vorerst noch in Lock Haven gefertigt. Zu breit war inzwischen das Gesamtprogramm des inzwischen wieder zur Nummer zwei abgestiegenen Flugzeugherstellers für die Allgemeine Luftfahrt. Dazu zählte auch eine ganze Palette zweimotoriger Flugzeuge.

Gesunkene Nachfrage führt zur vorübergehenden Produktionseinstellung und Werksverlegung

Im Jahre 1983 sah man sich dann gezwungen, die Produktion der PA-18 Super Cub zunächst einzustellen. Das war auch die Zeit des Niedergangs der amerikanischen General Aviation. Eine große Mitschuld traf dabei die Hersteller selbst, denn sie hatten bei Rechtsstreitigkeiten absurden Vergleichen zugestimmt. Und nicht zuletzt war auch der Gesetzgeber beteiligt. Schon Jahre zuvor wurde die Produkthaftung verschärft und außerdem fehlten die steuerlichen Anreize zum Kauf und zum Unterhalt eines Kleinflugzeugs. 1984 entschloss sich die Firmenleitung, das alte Werk in Lock Haven aufzugeben und man zog nach Vero Beach in Florida um. Lock Haven wurde fortan Standort des Piper-Museums und der alljährlich Piper Fly-ins.

Mehrere Besitzwechsel und erneute Produktionsaufnahme der PA-18 Super Cub

Bei Piper in Vero Beach lief die Produktion zunächst nur noch schleppend. 1988 sollte es wieder weitergehen. Der damalige Besitzer von Piper, Stuart Millar, hatte sich in den Kopf gesetzt, die legendäre PA-18 Super Cub trotz drohender Produkthaftung wieder in Vero Beach zu fertigen. Dies hatte er anlässlich des Sun'n Fun Festivals in Lakeland/Florida noch stolz bekannt gegeben. Doch die Nachfrage fiel dürftiger aus als erwartet, und 1994 kam das endgültige Aus. Trotzdem ging die Super Cub mit 10.326 Einheiten in die Piper-Firmenchronik als eines der erfolgreichsten Modelle ein.

Um die Piper-Chronologie nicht ganz zu vernachlässigen, denn nach der PA-14 müsste eigentlich die PA-15 folgen, auch noch der Hinweis, dass es immer wieder zu Verwechslungen mit den sogenannten Short Wings kommt. Sie alle trugen nicht den Cub-Namen und bilden wegen ihrer kürzeren Flügel eigentlich eine ganz eigene Klasse, die aber doch aus dem Klassiker hervorging und deswegen gehören sie auch zu dieser legendären Flugzeugfamilie. Die wirklichen Short Wings, eigentlich als Clipped Wings benannt, waren tatsächlich J3C Cub mit gekapptem Flügel, die der Gesetzgeber nur unwillig als Experimental zugelassen hatte.

Die Short Wings mit der PA-15 und PA-17 Vagabond bilden neue Klasse

Hätte es nicht bei Piper den großen Einbruch gegeben, der fast zum Konkurs des Unternehmens geführt hätte, wäre Firmenboss William T. Piper wohl damals auch nicht auf die Idee gekommen, eine vollkommen neue Klasse zu kreieren. Es war William C. Shriver von der New Yorker Hausbank, der 1947 aus dem Bauch heraus entschied, ein sehr viel preiswerteres Flugzeug zum Überleben der Firma zu entwickeln. Mit eiserner Hand verlangte er von der Konstruktionsabteilung nur auf die Konstruktionselemente zurückzugreifen, die im allgemeinen Produktionsprozess vorhanden waren. Außerdem sollten die Baugruppen, wo es ging, vereinfacht werden, um die Produktionszeiten zu verkürzen, weil im Umkehrschluss die Löhne auch gegenüber den Vorkriegs- und Kriegszeiten kräftig gestiegen waren. Es war, als hätte er wie ein Besessener mit dem Rotstift über den Blaupausen gewütet. Hauptmerkmal des Zweisitzers waren der sechs Fuß kürzere Flügel und unter Beibehaltung der runden Randbögen, und wie selbstverständlich verzichtete man dafür auf den Zusatz »Cub« hinter der Modellbezeichnung.

Unter der Bezeichnung Piper PA-15 Vagabond entstand das Basismodell der echten Short Wing Piper! Es war die erste wirklich echte Nachkriegskonstruktion. Die charakteristische Rumpfsignatur gegenüber dem Basismodell, der J3C Cub, wurde zwar beibehalten, doch musste zusätzlich eine Rumpfverbreiterung vorgenommen werden, weil Shriver aus verschiedenen Gründen wieder auf die Side-by-side-Sitzposition setzte. Der um ein paar Rippen verkürzte Flügel hatte nur noch eine Spannweite von 9,10 m, statt der 11 m bei der Cub. 367 Maschinen die 1948 gebaut wurden, konnte man relativ schnell verkaufen. Auch hier war der 65 PS-Lycoming O-145-Motor wieder Standard.

Unmittelbar nach der PA-15 Vagabond folgte schon 1949 die PA-17 Vagabond mit dem 65 PS-Continental A-65-8, von der 214 Maschinen gefertigt wurden. Einziger markanter Unterschied: die PA-17 Vagabond hatte eine Knüppel-Doppelsteuerung. Die Leistungsunterschiede waren marginal. Mit einem verlängerten Rumpf realisierte man 1949 eine 115 PS starke Viersitzer-Version, die als PA-16 Clipper nur für ein Jahr in Produktion ging. Sie erhielt den Lycoming O-235. Immerhin konnten 746 Maschinen dieses Typs verkauft werden. Kostete die PA-16 Clipper nur 2.995 Dollar, so kamen die Mitbewerber für ihre Viersitzer jeweils auf stattlichere 5.000 Dollar. Hauptgrund der kurzen Produktionszeit war aber ein Streit mit der amerikanischen Fluggesellschaft Pan American Airlines, der damals größten Fluggesellschaft der Welt, die von Anfang an ihre Boeing-Flugzeuge mit »Clipper« benannte. So was konnte nicht gut gehen! Piper lenkte in dem von Pan American eingeleiteten Rechtsstreit reumütig ein, um allen möglichen Schwierigkeiten aus dem Weg zu gehen, war man doch überhaupt froh, nach der Wiederbelebung der fast bankrott gegangenen Firma wieder auf einigermaßen festen Füßen zu stehen. Der Logik und der Typenaufzählung folgend, müssten hier die bereits aufgeführten PA-18 Super Cub und PA-19/L-21 Cub stehen, doch wir bleiben bei den Short Wings, der klassischen Stahlrohr-Rumpfbauweise, die nach der PA-17 Vagabond, innerhalb der Piper Typenpalette, eine Parallelklasse zur Cub-Serie darstellen.

Piper PA-17 Vagabond aus dem Jahr 1949.

Die Short Wings PA-20 und PA-22 beschließen das Ende der High-Wing-Ära

Die PA-20 Pacer, noch im Jahr 1949 flügge geworden, war der Nachfolgerin der PA-16, die ja nicht mehr den Zusatz »Clipper« tragen durfte. Ausgerüstet mit verschiedenen Motoren von 125 PS bis 180 PS erhielt die Pacer erstmals von Pipers Konstrukteuren Steuerhörner (control horn bzw. control yoke). Eine kleine Sensation! Das Flugzeug bekam außerdem gegenüber dem Vorgänger Klappen sowie ein total überarbeitetes Cockpit. Von 1950 bis 1954 konnten so 1.120 Maschinen dieses Typs die Produktion durchlaufen.

Durch ein parallel zu der PA-20 Pacer inzwischen auf ein Bugrad umgerüstetes Fahrwerksystem konnte mit 9.490 ausgelieferten Maschinen des Typs Piper PA-22 Tri-Pacer in den Jahren 1951 bis 1964 wieder mehr Schwung in Pipers Flugzeugbau gebracht werden. Unmissverständlich signalisierten die Kunden auch durch ihr Kaufverhalten, dass man das einfachere Handling für Start und Landung – was mit der Burgradkonstruktion gegeben ist – eindeutig bevorzugte. Die Agrarflugzeuge einmal ausgenommen, waren die PA-18 Super Cubs das Ende der Spornradflugzeuge bei Piper. Und die als Colt bezeichnete Piper PA-22 setzte schließlich auch den Schlusspunkt der Gitterrumpf-Bauweise, die einst von den Taylor-Brothers ins Leben gerufen wurde und die William T. Piper erst mit den in Blechbauweise entwickelten Tiefdeckern der Baureihen Piper-PA-24 Comanche und PA-23 Apache ergänzte. Ihnen folgte bis heute eine Vielzahl von ein- und zweimotorigen Typen,- einschließlich des Prototypen für einen Business-Jet und dem erfolgreichsten aller Tiefdecker, der PA-28 Cherokee, von der über 36.000 Exemplare gebaut wurden und deren Fertigung nach wie vor als Archer und Arrow läuft.

Seit 1977 bürgt nur noch der Name Piper für Qualität

William T. Piper übergab die Geschäfte 1968 an seinen Sohn Bill. Zwei Jahre später starb Piper im Alter von 89 Jahren. Bill verkaufte 1977 seine Hauptanteile an Bangor Punta Corp., die sich 1984 von Piper Aircraft Corporation wieder trennte und an Lear Siegler weiterverkaufte. Danach wechselten die Besitzer noch einige Male. Große Hoffnungen setzte die Piper-Anhängerschaft in Stuart Millar, der 1987 das Unternehmen reorganisierte und sogar die PA-18 Super Cub nach jahrelangem Produktionsstillstand wieder ins Programm nahm, die Preise für alle Piper-Modelle radikal senkte und öffentlich 1988 bekannt gab: »The legendary Piper Cub is back in production«. 1994 wurde wegen gesunkener Nachfrage die Produktion dieses Modells aber endgültig eingestellt. Seit 2011 befindet sich das Unternehmen, das nach wie vor in Vero Beach/Florida angesiedelt ist, im Besitz des Sultans von Brunei, Hassanal Bolkiah. Der Sultan ist einer der reichsten Männer der Welt. Die amerikanische Geschäftsführung ist geblieben. Heute arbeiten noch rund 700 Mitarbeiter an der Ostküste Floridas von den einst 8.800 Beschäftigen im Jahr 1979, die damals rund eine halbe Milliarde Dollar Umsatz machten. Es war auch das Jahr, in dem die meisten aller Kleinflugzeuge mit 18.000 Exemplaren von allen großen Herstellern zusammen gefertigt wurden. Das Typenprogramm bei Piper ist heute weitgehenst gestrafft, was nach der jahrzehntelangen Rezession zu einer Stabilisierung der altehrwürdigen Firma Piper geführt hat.

Besonderer Dank an dieser Stelle an Roger W. Peperell, welcher mit seinem Buch über die Geschichte der Firma Piper viele offene Fragen beantworten konnte. Auch dem Journalisten Volker Thomalla großen Dank, der uns seine umfangreichen Recherchen und sein fundiertes Wissen über die Cub-Flugzeuge freundlicherweise zur Verfügung stellte.

Die Autoren

PA-20 Pacer

PA-22-150 Tri-Pacer

Das geniale Werbeheftchen wurde massenhaft verteilt, um einem breiten Publikum die Grundlagen des Fliegen näher zu bringen.

How to fly a Piper Cub

Wie fliegt man denn nun eigentlich eine Piper Cub?

So einfach und genial wie die Konstruktionen der Cub-Flugzeuge ist auch die Idee, einem breiten Interessentenkreis das Fliegen mit Piper-Flugzeugen schmackhaft zu machen. »How to fly a Piper Cub« ist ein Booklet, das William T. Piper zur Blütezeit der Cubs im Jahr 1946 herausgab. Dieses 32-seitige Heftchen ist als reich illustriertes Reprint nach wie vor im Handel erhältlich. Piper gab dieses Druckwerk 1946 in Auftrag, nachdem Hundertausende bereits das Fliegen auf der J3C, bzw. der L-4 erlernt hatten. So einfach wie möglich ist darin beschrieben, wie man es lernt, eine Cub zu fliegen, dazu noch mit schönen Zeichnungen und Fotografien illustriert.

Was eine J3C alles – oder auch nicht – hat

Das Heft ist auch eine Art Kurzbeschreibung für die Cub Spezial, die gegenüber der normalen J3C mit einigen Extras ausgerüstet war. Sie hatte beispielsweise hydraulische Bremsen, Doppelsteuerung und eine Vergaservorwärmung. Den Motor musste man freilich nach wie vor mit der Hand anwerfen. Der damalige Preis: 2.010 US-Dollar! Zwei Seiten davor preist Piper sogar den Piper Cub Super Cruiser an, eine Piper PA-12, ein Dreisitzer mit einem 100 PS-Motor statt des 65 PS-Contis in der J3C und bot dazu in diesem 2.905 Dollar-Flieger noch einen elektrischen Starter sowie eine 12 Volt-Batterie mit Generator und eine Heizung an – kurzum eine richtig gemütliche Familienkutsche.

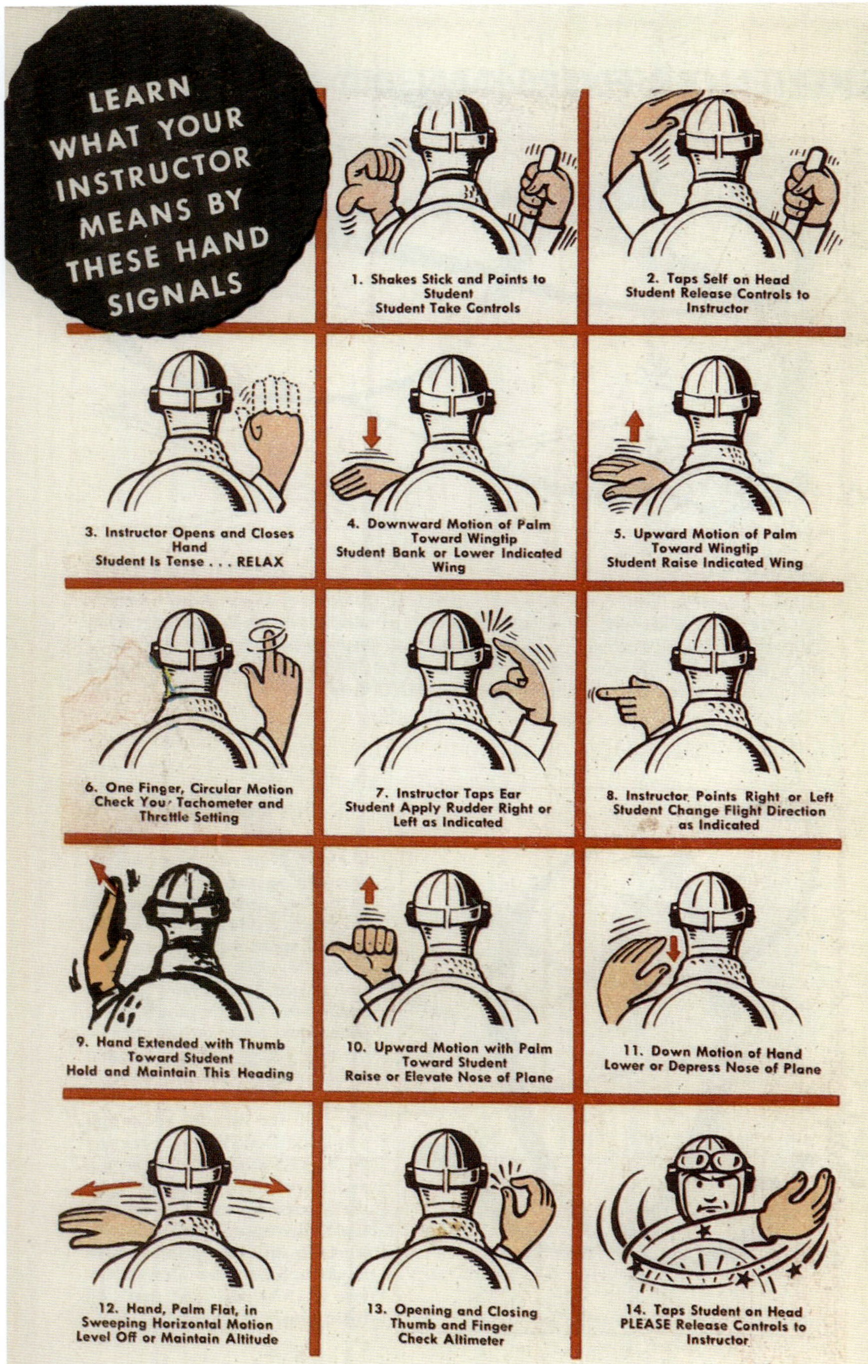

So verständigen sich Lehrer und Schüler in der J3 Cub ohne Intercom.

Der schwierigste Teil am Flug mit einer J3C findet auf dem Flugplatz statt – das Einsteigen. Da praktiziert jeder so seine eigene Methode. Rechts wird eingestiegen. Fenster und Tür sind horizontal geteilt. Erst wird das Fenster nach oben geklappt und eingerastet, dann die untere Hälfte der Tür nach unten geklappt. Sehr bequem sieht der Einstieg schon von außen nicht aus! Und die beiden Sitze wirken auch nicht gerade einladend. Zur Philosophie wird es, wenn man überlegt, ob man zuerst den linken oder zuerst den rechten Fuß auf den Einsteigbügel setzen soll. Jedenfalls muss man sich um den Steuerknüppel herum mit beiden Beinen irgendwie »einfädeln«. Und genügend Sitzfleisch sollte man für längere Tripps mitbringen, denn Komfort-Sessel ist das J3-Gestühl wahrlich nicht!

Spartanische Ausrüstung aber dafür überschaubar

Die Cubs haben nur ein Instrumentenpanel ganz vorne. Einsitzig darf die J3 wegen des Schwerpunktes (der Rumpftank sitzt zwischen Brandschott und Panel) nur vom hinteren Sitz geflogen werden. Wenn ein Passagier mitfliegt, kann man aber über den vorderen Sitz hinweg- oder seitlich ganz gut vorbeischauen. Die PA-18 Super Cub wird hingegen alleine von vorne geflogen. Sie hat nämlich Flügeltanks, welche im Schwerpunkt angeordnet sind. Das Original-Instrumentenbrett bestand aus vier Grundinstrumenten. Von links nach rechts waren oder sind dies der Drehzahlmesser, der Fahrtmesser, ein Kompass, ein Höhenmesser sowie ein Kombinationsinstrument für Öltemperatur und Öldruck und ganz rechts oben ein Knopf für die Kabinenheizung und symmetrisch darunter der Primer. Der Zündschalter war links oben in der Kabine platziert, sicher genug, nicht aus Versehen daran zu kommen und mit etwas Mühe auch vom hinteren Sitz aus erreichbar. Die Tankanzeige der Schwimmernadel, bis heute eine der simpelsten Anzeige ihrer Art, ist durch die Frontscheibe deutlich sichtbar. Sie sitzt im Tankdeckel des vorderen Tanks. Dann sind da noch die Fußsteuerpedale, die Seitenruder und das lenkbare Spornrad, das über Seile angesteuert wird. Aber keine Klappen, wie später in der PA-18 Super Cub. Die 1948 erschienene Super Cub war technisch schon ein großer Schritt nach vorne. Aber prinzipiell ist sie das gut abgestimmte Flugzeug geblieben, wie es einst von Clarence G. Taylor entwickelt und später von Jamouneau verbessert wurde. Man darf ja auch nicht vergessen, zu welchem Zeitpunkt die Grundideen in diese Konstruktion entstanden sind. Denn zu mager war noch das Basiswissen über Flugmechanik und Aerodynamik, und während andere Konstrukteure, rund 30 Jahre nach den Wrights, bei ersten Flugversuchen noch mit diesen Problemen rangen, hatte die J2 und dann die daraus weiterentwickelte J3C schon alle diese Hürden gemeistert. Sozusagen das perfekte Flugzeug und das eigentlich ohne größere Macken.

Von Hand anwerfen

Wir haben vollgetankt. Bei 45 Litern ragt die mit einem Schwimmer verbundene Tanknadel ganz nach oben heraus. Machen wir uns nun bereit zum Start. Die Anschnallgurte sind festgezogen. Die Bremsklötze sind vorgelegt. Zuerst die obligatorische Ruderkontrolle. Man bewegt den Knüppel und schaut auf die Ruder, um zu prüfen, ob diese sich auch entsprechend bewegen. Zweimal primen. Dann außen von Hand den Propeller mehrere Male durchdrehen. Den A-65 Motor gab es damals nicht mit einem elektrischem Anlasser. Den Brandhahn an der linken Seite auf »On« stellen und den Gashebel (Throttle) nach hinten (closed) auf Leerlauf gezogen lassen. Mit den Hacken beide Bremspedale drücken. Den Zündschalter zunächst auf »Off« stehen lassen. Kommando geben »Zündung ein« und den Zündschalter von »Off« auf »Both« über die Stellung »L« und »R« nach rechts stellen. Den Propeller nun schwungvoll anreißen lassen. Das sollten nur geübte Leute tun! Läuft der Motor, den Gashebel links an der Seite die Drehzahl auf 1.000 Umdrehungen (RPM) pro Minute stellen. Die Bremsklötze durch Handzeichen entfernen lassen und nun nach dem Schließen der »Tür« Richtung Startbahn zum Rollhaltepunkt rollen. Man »mogelt« sich da in Schlangenlinie langsam vor, weil man nicht über die Cowling nach vorne sondern nur seitlich vorbeischauen kann. Etwas Umsichtigkeit nach rechts und links jeweils zur Seite hin ist gefragt. So ist das aber mit den allermeisten Spornradflugzeugen!

Der Einstieg ist nicht ganz einfach, aber die Sitzposition ist gut.

Die J3C hat keinen Anlasser. Sie muss von Hand angeworfen werden.

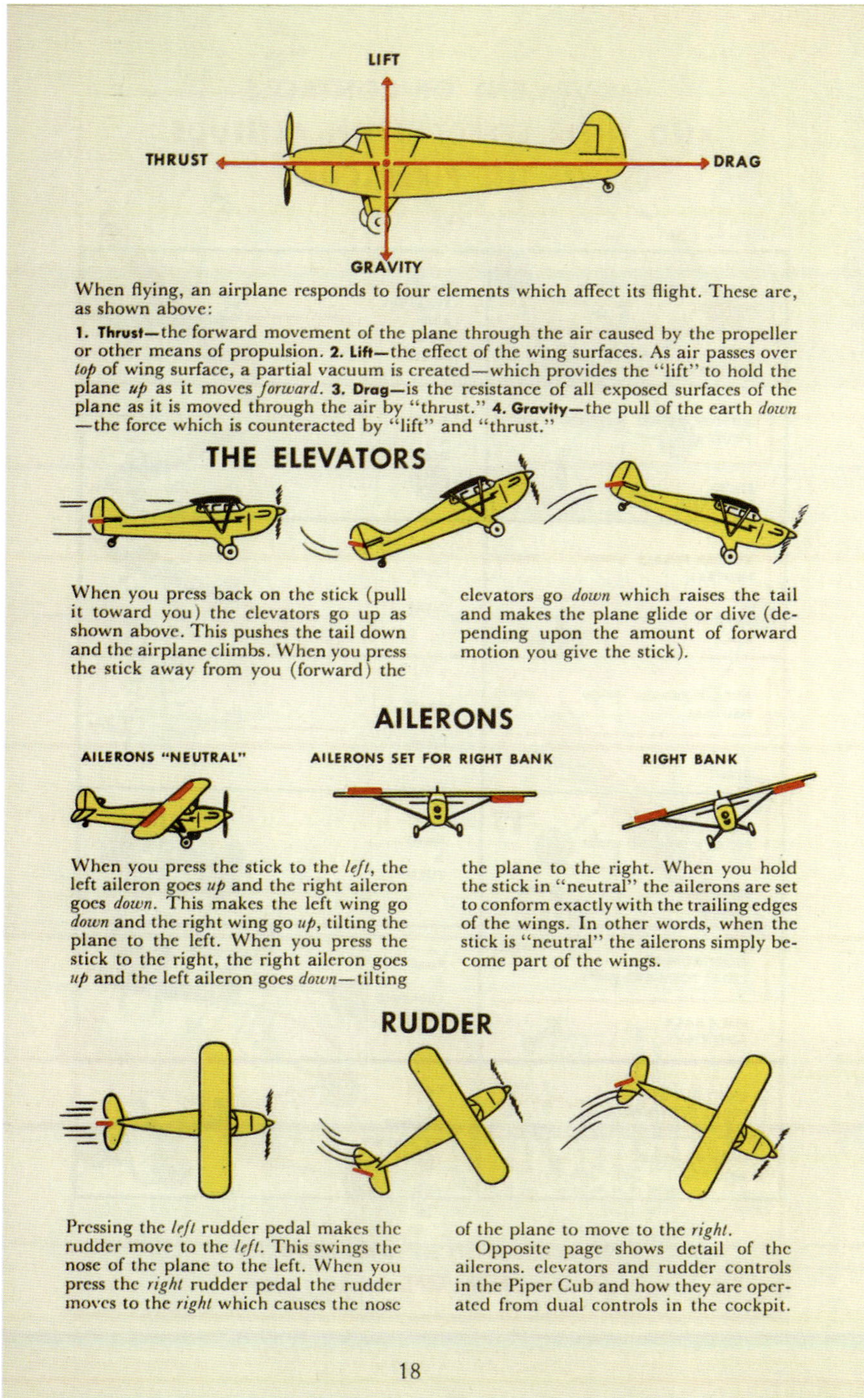

LIFT

THRUST

DRAG

GRAVITY

When flying, an airplane responds to four elements which affect its flight. These are, as shown above:

1. Thrust—the forward movement of the plane through the air caused by the propeller or other means of propulsion. **2. Lift**—the effect of the wing surfaces. As air passes over *top* of wing surface, a partial vacuum is created—which provides the "lift" to hold the plane *up* as it moves *forward*. **3. Drag**—is the resistance of all exposed surfaces of the plane as it is moved through the air by "thrust." **4. Gravity**—the pull of the earth *down*—the force which is counteracted by "lift" and "thrust."

THE ELEVATORS

When you press back on the stick (pull it toward you) the elevators go up as shown above. This pushes the tail down and the airplane climbs. When you press the stick away from you (forward) the elevators go *down* which raises the tail and makes the plane glide or dive (depending upon the amount of forward motion you give the stick).

AILERONS

AILERONS "NEUTRAL" | AILERONS SET FOR RIGHT BANK | RIGHT BANK

When you press the stick to the *left*, the left aileron goes *up* and the right aileron goes *down*. This makes the left wing go *down* and the right wing go *up*, tilting the plane to the left. When you press the stick to the right, the right aileron goes *up* and the left aileron goes *down*—tilting the plane to the right. When you hold the stick in "neutral" the ailerons are set to conform exactly with the trailing edges of the wings. In other words, when the stick is "neutral" the ailerons simply become part of the wings.

RUDDER

Pressing the *left* rudder pedal makes the rudder move to the *left*. This swings the nose of the plane to the left. When you press the *right* rudder pedal the rudder moves to the *right* which causes the nose of the plane to move to the *right*.

Opposite page shows detail of the ailerons. elevators and rudder controls in the Piper Cub and how they are operated from dual controls in the cockpit.

18

So wirken die Ruder.

Up and away – man fliegt

Jetzt am Haltepunkt werden die Magnete geprüft. Also rein in die Bremsen. Knüppel an den Bauch und Drehzahl auf 1.400 Umdrehungen den Zündschalter erst auf »L« und dann das gleiche Prozedere bei gleicher Gasstellung auf »R«. Den Drehzahlabfall beobachten. Alles ok, dann war‘s das erstmal. Die Freigabe ist erteilt. Jetzt nur noch an den Startpunkt rollen und dann den Gashebel ganz nach vorne schieben. Das sind 2.500 RPM. Der gute alte Continental A-65/O-170 zieht noch immer kräftig an! Nach kurzer Rollstrecke, den Knüppel leicht nach vorne drücken, damit sich das Schwänzchen hebt und die Cub in Waagrechtlage (bessere Sicht nach vorne) erst mal Fahrt aufholen kann. Den Knüppel in Neutrallage zurücknehmen. So geht's am besten und nach weiterem Geschwindigkeitsanstieg den Knüppel so an sich ziehen, dass man eine leichten Druck verspürt. Jetzt löst sich die Cub ganz vom Boden und man kann dann den Knüppel leicht nachlassen. Das »Bärchen« steigt schließlich bei 96 km/h mit ca. 400 ft/min.

In 500 ft kann man die erste Kurve fliegen. Nein, nein, das ist keine Cessna! Bitte das entsprechende Seitenruderpedal treten und den Knüppel in dieselbe Richtung drücken. Die Kugel in der Mitte halten. So werden saubere Kurven richtig geflogen! Geradezu wie auch eine Kurve im Segelflugzeug eingeleitet wird. Wird die Kurve ausgeleitet, beide Ruder ebenfalls wieder in Neutrallage nehmen. Man gewöhnt sich schnell an diese einfache Art der Fliegerei. Aber jetzt endlich das Gas zurücknehmen. So auf ¾ Gashebelstellung und auf normale Reisegeschwindigkeit gehen. Auf Reisehöhe geht's mit gemütlichen 120 km/h übers Land. Der Conti liebt diese Einstellung mit 2.300 RPM und schnurrt sonorig vor sich hin. Aber die Piper kann mit 140 km/h auch noch etwas schneller! Während des gemütlichen Steigens auf etwa 1000 ft bleibt Zeit genug sich mit der sehr wirksamen und gut abgestimmten Steuerung in Ruhe vertraut zu machen. Aber keine Angst, wir wollen hier nicht den Fluglehrer spielen! Flugschulen gibt‘s wie Sand am Meer und man muss auch nicht um jeden Preis noch auf einer Piper Cub das Fliegen lernen. Eine spätere Umschulung geht oft schneller und problemloser als man denkt. Vergessen Sie die Horrorgeschichten, die gerne an den Flieger-Stammtischen übers Spornradfliegen erzählt werden. Oft von Leuten, welche nie einen Taildragger bewegt haben. Vielleicht sind sie bestenfalls mal mitgeflogen.

Mit Spezialmanöver »Slippen« zur Landung ansetzen

Wieder landen? Kein Problem. Der Platz ist wieder in Sicht und man hat sich über Funk angemeldet und in die Platzrunde eingereiht. Die Vergaservorwärmung ziehen, den Gashebel bis auf ca. 1.000 RPM zurücknehmen. Da die J3C keine Klappen besitzt, heißt es nun Slippen, denn nur durch Drücken des Knüppels allein bis zum Aufsetzpunkt würde man nur mit überhöhter Geschwindigkeit dort ankommen, und entsprechend lange schweben. So geht's also nicht! Also Slippen. Dieses auch Seitengleitflug genannte Verfahren ist ein kontrollierbarer Flugzustand mit hoher Sinkrate. Für Neulinge immer eine sehr ungewohnte Fluglage, weil das Flugzeug dabei bei stärkerer Querlage mit dem Rumpf zur Flugrichtung schiebt. Der Seitengleitflug wird mit dem Seitenruder und dem entgegengesetzten Querruder eingeleitet. Schräglage und Schiebewinkel können mit Quer- und Seitenruder dosiert werden, was die Sinkrate und die Geschwindigkeit verändert. Selbst Profis, die die Klappenversionen der Cubs fliegen, nutzen gerne bei noch zu großer Höhe diese zusätzliche Art der Gleitwinkelsteuerung. Aber aufpassen, dass die Nase nach unten zeigt, sonst kann die Strömung abreißen! Dadurch, dass das Staurohr ebenfalls schräg angeströmt wird, hat man im Fahrtmesser keine verlässliche Anzeige. Etwas Gefühl ist hier gefragt. Den Slip vor dem Aufsetzen rechtzeitig mit neutraler Ruderstellung ausleiten.

Die Leistung entsprechend der Sinkrate setzen. In dieser Phase regelt man das Sinken mit dem Gashebel und die Geschwindigkeit mit dem Höhenruder. Die Piper sinkt dann entprechend ihres normalen Gleitwinkels. Auf die Fahrt achten und in Bodennähe den Knüppel nun langsam an sich ziehen und so lange halten, bis die Maschine in Dreipunktlage gleichzeitig mit Hauptfahrwerk und Spornrad aufsetzt. Ein weiches Abfangen kann mit einer leichten Erhöhung der Motorleistung erreicht werden. Nach dem Aufsetzen den Knüppel so lange gezogen halten, bis die normale Rollgeschwindigkeit erreicht ist.

Slip-Technik für kurze, steile Abstiege. Ruder so kreuzen, damit die windzugewandte Fläche nach unten hängt.

Gekreuzte Ruder erlauben es den Rumpf als Widerstand einzusetzen und dadurch die Sinkrate zu erhöhen.

Was Piper mit seinem »Druckwerk« noch mitteilen wollte

Bravo – geschafft! Ja, so ähnlich hat Piper das Fliegen mit der Cub beschrieben und mit Fotos und Zeichnungen bebildern lassen. Mehr gibt es eigentlich auch nicht dazu zu sagen. Natürlich erklärt Mr. Piper in seinem Booklet auch noch das ganze Umfliegen eines Platzes und verweist ebenso auf den Fluglehrer, der alle offenen Fragen ebenso beantworten soll, wie der Händler, der für den Verkauf einer Maschine zuständig sei. Weiterführende Zeichnungen erklären Notmanöver am Ende des Booklets, ebenso wie die Chandelle, die Lazy-eight oder den Loop, der allerdings bei uns bereits als Kunstflug gewertet wird. Die Rückseite bietet schlussendlich in 14 Bildern, wie man auf die Zeichen des Fluglehrers eingehen soll. Eine Methode, bei uns zwar ungeläufig, in den USA aber Standard, als man auch noch keine Funkgeräte und Intercom hatte. »How to fly a Piper Cub« ist zwar nicht die Bibel des Fliegens, doch es ist eines der anschaulichsten und informativsten Druckwerke in der Fliegerei, beschreibt es doch sehr klar den Umgang mit der Piper Cub.

Große Abweichungen zur PA-12 oder der PA-18 Super Cub gibt es eigentlich nicht. Naja, die Folgemodelle bekamen Klappen, elektrische Anlasser und weiteren Schnick-Schnack, doch Cubs sind sie geblieben! Mehr Kraft hat man ihnen verliehen, was sie aber auch durstiger machte. Kam der A-65 noch mit 18 Litern pro Stunde aus, so genehmigen sich die top-motorisierten 180 PS-Versionen schon mal gut und gerne 35 Liter!

Vor jedem Flug muss das Flugzeug gründlich gecheckt werden.

1. Airplane is pushed out of hangar into clear for inspection and general check before the flying lesson begins.

2. Always check the gas by the gauge and by looking into tank. Fill the tank when necessary.

3. Check the oil by removing the cap and looking at the oil stick.

4. Place chocks securely in front of both wheels.

5. Get in ship and fasten safety belt.

6. Check rudder and stick controls for freedom of movement by moving them in all positions.

20

Flug über die alte
Druckerei in Offenburg.

Die Burda-Staffel und ihre Erben

Durch die zurückerlangte Souveränität der Bundesrepublik Deutschland und somit auch die wiedererlangt Lufthoheit im Jahr 1955 erhielt die nach Kriegsende erstarrte Motorfliegerei wieder Auftrieb. Doch schon 1954 kam der Hamburger Buchhändler Claus Kühl, während des Krieges Kampfpilot und immer noch von der Fliegerei fasziniert, mit dem Verleger Dr. Franz Burda zusammen. Kühl verstand es, in seiner Begeisterung Burda davon zu überzeugen, den ohnehin damals schon bekannten Verlag mit Hilfe der Luftwerbung und an flugsportlichen Veranstaltungen noch populärer zu machen. Das Offenburger Verlagshaus hatte mit den Zeitschriften BUNTE, Bild und Funk, Burda Moden und das Haus ein ertragreiches Unternehmen aufgebaut und war weiter auf Expansionskurs.

Burda wurde Mäzen der deutschen Nachkriegsfliegerei

Dr. Franz Burda hatte sehr schnell sein Herz für die Fliegerei entdeckt und durch sein Engagement entwickelte er sich so ganz nebenbei zum Mäzen der deutschen Nachkriegsfliegerei, obwohl er selber keinen Pilotenschein besaß. Er übernahm die Schirmherrschaft über den Deutschlandflug 1957 und stiftete den »Burda-Preis der Lüfte«, ein Motorflugzeug vom Typ Piper J3C. Seinem

Bravo-Lima-Staffel, kurz
BL-Staffel genannt.

Wunsch entsprechend konnte dieser Preis immer nur von einem Verein des Deutschen Aero Clubs gewonnen werden. Eine clevere Idee, denn sie half die Vereine zu stärken. Auch sollte der »neue« Deutschlandflug nicht mehr, wie in den 30er-Jahren, eine Zerreißprobe für Mensch und Material sein, sondern vielmehr war das Ziel, die deutschen Piloten in einer gemeinsamen Veranstaltung zusammenzuführen. Zuverlässigkeit, fliegerisches Können und diszipliniertes Fliegen, aber auch die Pflege von Freundschaften und die Werbung für den Motorflugsport sollten bei diesem Wettbewerb im Vordergrund stehen. Dieser Preis an die DAeC-Vereine wurde bis 1977 vergeben. Bis 1961 erhielten die Vereine der Gewinner eine Piper J3C Cub! Später vergebene Preise waren die Pützer-Elster, Bölkow-Junior und die Bölkow-Monsun. Allerdings reduzierte man ab 1973 den Preis auf jeweils 10.000 Deutsche Mark. Er unterstützte selbstverständlich auch andere luftsportliche Veranstaltungen.

Natürlich suchte man damals auch nach ungewöhnlichen »Reklame-Möglichkeiten«. Die Plakatierung auf Litfasssäulen war noch durchaus üblich, sie standen in Großstädten fast an jeder Straßenecke, doch pfiffige Ordnungsämter sahen darin schnell günstige Einnahmequellen, was die Plakatierungen enorm verteuerte und so tüftelten Franz Burda und Claus Kühl eine moderne Art der damaligen Reklame aus, die, schon vor dem Krieg, besonders in den USA gerne auch mit Piper-Flugzeugen praktiziert wurde, weil sie die Eigenschaft besaßen, auch verhältnismäßig langsam zu fliegen. Dies hatte den Vorteil, dass man Reklamebanner gut lesbar präsentieren konnte. Das war für Burda einleuchtend. Jetzt musste er nur noch Flugzeuge kaufen, Piloten und Mechaniker engagieren und Banner herstellen lassen, welche mit ihrer Botschaft jederzeit aktuell waren.

Vom Deutschlandflug zur Burda-Staffel

Claus Kühl wurde Staffelführer und als Piloten wurden Erwin Rohm, Joachim Illenberger und Gerhard Maier gewonnen. Kühl hatte gerade mit Egon Schmelzinger, den von Franz Burda gestifteten »Burda Preis der Lüfte« in der Gruppe II mit Flugzeugen mit einer Höchstgeschwindigkeit von 180 bis 209 km/h auf einer Piper PA-18 gewonnen. Der Preis, eine Piper PA-18 Super Cub, ging an den Mannheimer Luftsportverein, dem die Piloten zu dem Zeitpunkt

Staffelchef Gerhard Maier (links) mit seinen Piloten Kurt Dombacher, Helmut Gebenus und Helmut Auer.

angehörten. Maier gewann zusammen mit der berühmten Elly Beinhorn den zweiten Preis, und zwar mit einer L-4 in der Gruppe III-Flugzeuge mit einer Höchstgeschwindigkeit bis 179 km/h.

Sie alle waren Piloten, die ihren Flugschein zuvor in der Schweiz, wie auch Claus Kühl, erneuert hatten. Ihre Aufgabe: wochentags über ganz Deutschland Reklame fliegen und an den Wochenenden die Fliegervereine an ihren Flugtagen unterstützen. Letzteres nicht ganz uneigennützig, denn die Burda-Staffel war ein willkommener Programmpunkt, zwar kostenlos, doch in erster Linie sollten sich die Zuschauer die Zeitschriftennamen einprägen, was heutzutage mit teuren Fernsehspots und Anzeigen versucht wird.

Das Unternehmen »Zugspitze«

Die Bayerische Zugspitzbahn versprach den Käufern von Billetten mit der Zahnradbahn an jenem 23. März im Jahr 1958 ein besonderes Ereignis auf dem Zugspitzblatt in 2600 m Höhe. Dort oben sollte eine ganze Flugzeug-Staffel landen! Das, was Ernst Udet vor dem Zweiten Weltkrieg nur einmal mit seinem Flamingo wagte, sollte nun in größerem Stil praktiziert werden. Oben auf dem Gletscher war mit Tannenreisig ein Landefeld abgesteckt, das den Piloten, die für diesen Tag angekündigt waren, aus der Luft eine bessere Orientierung ermöglichen sollte. Es war ein Tag mit strahlend blauem Himmel und es war nahezu windstill. Schon zwei Jahre zuvor waren die drei Piper Super Cubs der noch jungen Burda-Staffel mit ihren Schneekufen auf dem zugefrorenen Titisee gelandet. Wer aber waren diese Piloten, die da angekündigt waren, noch dazu auf einem schneebedeckten Gletscherfeld und auf einer total unebenen sehr steilen und kurzen Fläche?

Noch am Tag zuvor musste einer der drei Piloten, Gerhard Maier, auf einem Feld in der Nähe von Kempten notlanden, weil eine Benzinleitungen seiner Piper plötzlich zugefroren war. Am besagtem 23. März nahmen die Piloten noch ein Segelflugzeug des Kunstfliegers Carli Marsen ans Seil. Es war eine SP1, ein 10 m-Kunstflugsegler. Marsen war ein bekannter Segelflieger vom Dörnberg bei Kassel und betrieb in Kassel ein Puppentheater. Charlie Marsen war sein Künstlernamen - in Wirklichkeit hieß er Carl Magersuppe.

Irgendwie hatte man von diesem waghalsigen Piloten damals gehört, denn er war nicht nur der unter seinem wahren Namen bekannte Puppenspieler, sondern eben auch der Pilot, welcher zum Abschluss seiner stillen Kür sein Fluggerät in den Rückenfluglage brachte und mit dem Seitenleitwerk ein Taschentuch aufnahm. Nun aber hing er in 3.300 m Höhe im Schlepptau einer der drei Piper Super Cubs und die Show konnte beginnen. Claus Kühl schoss vom Gletscherplateau eine Leuchtkugel. Das hieß, Marsen durfte sein Showprogramm starten. Er bezog Position, dass man ihn von allen Seiten, auch oben am Schneefernhaus, wo sich die Wetterstation von Deutschlands höchstem Berg befindet, gut beobachten konnte. Von unten in Garmisch-Partenkirchen konnte man mit bloßem Auge nur ahnen, wie sich das weiß glänzende Flugzeug zunächst trudelnd und dann in Loopings und Turns immer mehr dem Gletscherfeld näherte, auf dem später auch die Piper landen sollte. Das war der Auftakt. Die SP1 stand schon nach wenigen Metern bergauf.

Jahrzehnte waren ja inzwischen mit der allerersten Landung mit Ernst Udets »Flamingo« vergangen und nun sollten gleich drei Flugzeuge dort oben mit Skiern landen! Marsen's Flugzeug wurde schnell von ein paar Männern zur Seite geschoben. Der Beifall war ihm sicher. Und nun gab Staffelführer Kühl mit einer grünen Leuchtkugel das Zeichen für die drei in der Luft über der Zugspitze kreisenden Piper PA-18 Super Cubs, das auch sie landen durften, doch zuvor zeigten sie ihr inzwischen allseits bekanntes Programm und im Schlepp zunächst die bekannten Banner des Burda Verlags.

Nachdem die Banner nach mehreren Verbands-Überflügen abgeworfen waren, wollte man ja auch den vielen Fotografen und Kameraleuten Gelegenheit bieten, das Ereignis festzuhalten. Es begann die Piper-Burda-Show mit ständig wechselnden Verbands-Positionen und mit gezündeten Rauchpatronen. Das Publikum war begeistert und auch die Skifahrer vergaßen zum Teil ganz und gar ihrem Hobby, dem Skilaufen zu frönen. Nacheinander landeten die drei Super Cubs mit ihrem kupferfarbenen Anstrich. Sie trugen an den Rumpfseiten und der Tragfläche in großen, weißen Lettern den Schriftzug BURDA. Dazu noch eine etwas ältere J3C Cub, deren Pilot aber unbekannt blieb. Aus den Super Cubs stiegen Gerhard Maier, Erwin Rohm und Emil Schmelzinger. Sie wurde wie Helden gefeiert! Mit von der Partie war auch Franz Burda, umringt von Kameras sowie Rundfunk- und Zeitungsreportern. Er hatte über seinen Verlag im Voraus für den entsprechenden Medienrummel gesorgt und er sah sich auch gerne inmitten des ganzen Geschehens.

Nach Ernst Udet (1936) landete die Burda-Staffel 1958 auf dem Zugspitzplateau.

Am 26.02.1956 landete die Burda-Staffel auf dem zugefrorenen Titisee.

Kein Flugtag ohne Burda-Staffel

Die Nachfrage nach der Burda-Staffel nahm sprunghaft zu. Die noch junge Fliegerei in Deutschland lechzte nach spektakulären Darbietungen anlässlich vieler Flugtage, die die Vereine als willkommene Aufbesserung ihrer schmalen Kassen sahen. Die Burda-Staffel gab's ja schließlich zum Nulltarif. Von Anfang an waren die Maschinen übrigens mit Seilschleppvorrichtungen ausgestattet. An der rechten Seite befand sich jeweils ein großer Spiegel auf den Flügelstreben, damit der Pilot die Banner oder auch geschleppte Segelflugzeuge besser sehen konnte. Franz Burda war stets von den Aktionen begeistert, die seine Staffel während der ganzen Saison durchführte. In der Regel waren das immer die fliegbaren Jahreszeiten. Selber flog er nie, aber hatte ein großes Herz für den Flugsport. Nicht wenige Veranstaltungen sponserte er zusätzlich und wie einer seiner letzten Piloten einmal erzählte, nahm er auch gerne mal neben den geladenen Schlagerstars selbst das Mikrofon in die Hand, um den anwesenden Gästen ein Lied zu trällern. Er soll keine schlechte Stimme gehabt haben. Der »Senator«, wie er sich auch gerne nennen lies, stand der Fliegerei sehr großzügig gegenüber und seiner Entschlossenheit war es zu verdanken, dass die Sportfliegerei in dieser Zeit einen sehr hohen Stellenwert genoss. Die Super Cubs waren der perfekte Kauf, wie schon zuvor an den amerikanischen Flugschulen und bei der Armee, erwiesen sich die Maschinen doch als robuste und zuverlässige Arbeitstiere, weswegen Claus Kühl genau diese Flugzeuge empfahl. Im täglichen Flugbetrieb konnten die meisten kleinen Reparaturen von dem Team selbst durchgeführt werden, dazu gab es in den Wintermonaten immer genügend Zeit. Heimatbasis war der Flugplatz Offenburg, wo sich ja auch der Hauptsitz des Verlags befand. Der Schwerpunkt der Wartungsarbeiten lag aber in den Händen von Chefmechaniker Paul König und Heinz Becker. Sie waren wie das Piloten-Team fest angestellt. Die ersten drei Maschinen, es gab später auch eine vierte Ersatzmaschine, hatten die Kennungen D-ELUM, vormals HB-OFG, D-EMER, vormals HB-OCB , D-EBOR vormals ebenfalls HB registriert, wobei die allererste Maschine übrigens 1955 noch unter dem Schweizer Kennzeichen HB-OOY (heute D-EKIR) registriert war.

Aber nicht nur die Landungen auf dem Titisee (mit 30.000 Zuschauern!) oder dem Zuspitzplateau waren Highlights. Vieles wurde dem Team zur täglichen Gewohnheit. Wie etwa das Aufnehmen der Werbebanner, welches mit einer Seilschlaufe, die auf 3 m hohen Stangen auflag, verbunden war. An der Maschine, die das Banner aufnehmen sollte, war in der Schleppvorrichtung ein ca. 8 m langes Seil eingeklinkt, an dessen Ende sich ein Drillingshaken befand. Dieser Drillingshaken wurde erst während des Fluges durch den Pilot aktiviert, sodass er in einem Bogen, leicht unter der Maschine während des Fluges zur Aufnahme des Banners hing. Der Pilot musste also nicht nur die Mitte der beiden wie ein Tor aufgestellte Aufnahmestangen richtig anvisieren, sondern er musste seine Anflughöhe auch so einschätzen, dass er mit dem Haken das straff quer gespannte Seil richtig aufnehmen konnte.

Und schon vor der Aufnahme des Banners musste die Leistung der 150 PS-Piper so dosiert werden, dass man zunächst bei mäßiger Geschwindigkeit anflog, um dann bei zügigem Vollgasgeben die Maschine mit Banner steil hochzuziehen. Diese Flugtechnik war und ist deswegen so wichtig, weil sich das Banner hinter dem Tor gerade auf dem Boden liegend befindet und durch das Abrollen nach oben keine allzu große Bremswirkung entstehen soll. Trotzdem wirkt das Banner in dem Moment natürlich wie ein Bremsschirm, der die Geschwindigkeit des Schleppflugzeuges um ca. 35 km/h reduziert. Die Art der Banneraufnahme ist bis heute auf jeder Veranstaltung ein spannender Programmpunkt, wie früher bei der Burda-Staffel, die wochentags nicht selten sechs bis acht Stunden die Burda-Werbebotschaft trugen – und das täglich bis an die entlegensten Ecken Deutschlands. An den Wochenenden wurde dann zusätzlich auf den Flugtagen den Zuschauern sowohl die Aufnahme wie auch den spätere Abwurf der Banner life demonstriert.

Eine Reminiszenz an die Staffel sind die an der linken Seite der Cowling aufgemalten Tiere. Ein geflügeltes Eselchen auf einer Wolke, mit dem darunter angebrachten Schriftzug »Burda Staffel« nannte sich Mufti, nach dem Stoffesel, das die Firma Anker Plüschspielwarenfabrik GmbH aus München im Jahre 1954 auf den Markt brachte. Zusammen mit weiteren Plüschtieren wurde dieser Esel zum Maskottchen der Kinderabteilung der Burda-Zeitschrift »Bild + Funk«. Burda-Redaktionsleiter Karl-Heinz Barth schrieb um diese Stofftiere abenteuerliche Kindergeschichten. Für die Jungleser der Zeitschrift »Bild + Funk« wurde dann auch ein so genannter Mufti-Club gegründet und der Kölner Volksschauspieler Peter Millowitsch machte unter anderem bundesweit Werbung dafür. Ziel des Mufti-Clubs war es auch, möglichst vielen Kindern und Jugendlichen einen Mitflug in einem Flugzeug zu ermöglichen. Das übernahm dann auch die Bundesluftwaffe, die eine eigene Mufti-Staffel gründete und so zierten die Eselchen auch einige Do 27-Luftwaffen-Schul- und Verbindungsflugzeuge.

Bei nahezu jedem Flugtag dabei, die Burda-Staffel.

Dr. Franz Burda im angeregten Gespräch mit Gerhard Maier, dem Staffelführer, Helmut Auer und Hansjörg Streifeneder.

Gerhard Maier, die heimliche Seele der Burda-Staffel

Gerhard Maier, ein leidenschaftlicher Pilot, wurde nach Claus Kühl Staffelchef. Es waren hundertausende Menschen, die sich seiner humoristischen Einlagen auf den unzähligen Veranstaltungen gerne erinnern. Allerdings war das nicht seine eigene Idee. Ursprünglich hatte solche parodistische Einlagen schon Erst Udet auf Flugtagen mit seinem Flamingo, dem nicht selten verdatterten Publikum geboten, als er noch als Kunstflieger tätig war. Gerhard Maier hatte sich dieser Einlagen gerne bedient. Mal als »Rebbäuerle vom Durbach-Gebirg«, mal als »Fliegender Professor« oder als »Luftverhinderungs-Inspektor«. In solcherlei Verkleidung startete dann eine Burda-Maschine mit dem vermeintlich des Fliegens Unkundigen, der nach entsprechend halsbrecherischem Start, teilweise mit schleifenden Flügeln mal rechts mal links einen ebenso schlechten Flug hinlegte, wobei sogar der Propeller stehenblieb und erst kurz vor dem »Absturz« des Flugzeuges zur großen Erleichterung des Publikums wieder ansprang. Kein Wunder, dass auch die Landung des »unfreiwilligen Fliegers« so ziemlich gegen alle Regeln des praktischen Fliegens erfolgte. Nur Insider konnten wohl wirklich beurteilen, welch hohes fliegerisches Können da gezeigt wurde, wenn Gerhard Maier insbesondere den fliegenden, zerstreuten Professor spielte.

Jedenfalls erhielt er viel Applaus für diese fliegerischen Spitzenleistungen vom Publikum, das nicht selten zu Beginn von Maiers Vorführung ein nahendes Unglück befürchtete und erst nach geraumer Zeit bemerkte, dass da wohl eine Sondereinlage der Burda-Staffel ablief. So auch, als er sich in einer anderen Variante eines Fahrrads bemächtigte und damit über den Flugplatz fuhr. Dazwischen dann natürlich die Lautsprecherdurchsage, dass er da auf der Landebahn doch nichts zu suchen und diese schnellstmöglichst zu verlassen habe. Stattdessen steuerte er auf eines der abgestellten Burda-Flugzeuge zu, ließ das Fahrrad liegen und stieg dann in eines der Flugzeuge, um seine halsbrecherischen Flugkünste zu beginnen. Bei seinem zweiten oder dritten Anflug nahm er dann das Fahrrad an den demonstrativ herausgeworfenen Haken und zog es hinter dem Flugzeug baumelnd eine Runde durch die Luft, um es dann wieder vor den Augen des Publikums abzuwerfen. Dass es sich dabei in seine Einzelteile zerlegte, war logisch und eingeplant. Doch die Menschen waren begeistert!

Meistens gab es während eines Flugtages mehrere Burda-Programmpunkte, wobei die Maier'schen Einlagen oft den Höhepunkt darstellten. Die Staffel startete dann aber davor oder danach zum ganz normalen Verbandsflug. Auch der gleichzeitige Start der Flugzeuge mit geringstem Abstand verlangte bereits die größte Konzentration der Piloten. In der Luft war jede Art einer Formation Präzisionsarbeit, egal ob man nebeneinander Fläche an Fläche flog, übereinander oder gestaffelt hintereinander. Schon allein der Positionswechsel war in jedem Fall auch ein Spiel mit dem Gashebel, um die Geschwindigkeit anzupassen. Noch schwieriger wurde es beim Kurvenflug oder den hochgezogenen Umkehrkurven.

Ergänzender Programmpunkt war auch stets das bei Kindern und durchaus auch bei den Erwachsenen so beliebte Ballonrammen. Die vom Boden freigelassenen Ballons, mit Heliumgas gefüllt, mussten möglichst direkt mit dem Propeller anvisiert und zum Platzen gebracht werden. Dabei wurde besonders viel Geschicklichkeit abverlangt, weil die Winde mitunter die Ballons bei ihrem Aufstieg wild herumwirbelten. Vereine warben auf ihren Flugtagen gerne auch mit den Verlosungen von Freiflügen, die die Burda-Staffel nach den Vorführungen durchführten. Doch auch VIP's kamen in den Genuss eines Mitfluges. Damals galt die Fliegerei noch als etwas Besonderes. Als sehr erfolgreich erwiesen sich die so genannten Keuchhustenflüge für Kinder und so war die Staffel in aller Munde. Selbst heute gibt es kaum einen Vertreter der älteren Generation, der nicht mal was von der Burda-Staffel gehört hat und den berühmten drei Piper-Flugzeugen, die den Namen Burda über die Lande trugen.

800 Flugtage und über sechs Millionen Flugkilometer

Doch nicht immer lief alles reibungslos bei der Staffel ab. So endete der Tiefflug mit einem der Flugzeuge über dem Piz Buin in der Schweiz mit einer ungewollten »Landung« im Tiefschnee. Beim Durchstarten machte die Maschine einen Kopfstand. Sie musste zerlegt und per Helikopter ins Tal gebracht werden. Auf einem Tieflader wurde das Flugzeug nach Offenburg zurücktransportiert und dort wieder instandgesetzt.

Die kupferfarbene Lackierung der vier Piper Flugzeuge wurde 1966 in eine blau-weiße Farbgebung geändert. Die Flügelnasen erhielten ebenfalls einen blauen Anstrich, was den Vorteil hatte, dass die im Sommer übliche Mückenverschmutzung weniger auffiel. Die Werbeaufschriften an beiden Rumpfseiten waren in großen Lettern in Weiß gehalten. Desgleichen erhielt der obere linke Flügel und der rechte untere Flügel den BURDA-Schriftzug in blau. Franz Burda achtete ebenso wie seine Mannschaft immer darauf, dass die Maschinen topp gepflegt waren.

Neben den fast regelmäßigen Abstechern nach Österreich und die Schweiz, wo seine Zeitschriften ja auch gelesen werden sollten, erfolgten auch Reisen nach Dänemark, Frankreich, Holland, Schweden, Italien und Slowenien. Die Bilanz des Teams konnte sich sehen lassen: weit über sechs Millionen Flugkilometer legten die Maschinen mit rund 41.000 Flugstunden zurück. Davon flog Gerhard Maier alleine über 12.000 Stunden. Als weitere Piloten wurden gegen Ende der 50er-Jahre Joachim Illenberger, Emil Schmelzinger und in den 60er-Jahren Wolfgang Widow, Helmut Auer, Kurt Dombacher, Helmut Gebenus, Ingomar Lindner, Hans-Jörg Streifeneder, Weilhelm Fuß, Klaus Beck und Volker Wörner beschäftigt. Willi Buss stand jahrelang dem Team als Ersatzpilot und Bodencrew zur Verfügung. Leider stellte die Staffel am 31. Juli 1973 ihren Dienst nach über 800 mitgestalteten Flugtagen ein. Die Maschinen wurden verkauft und Piloten und Mechaniker mussten sich einen neuen Job suchen. Der Grund: Verlagsintern wurde plötzlich mit dem spitzen Bleistift gerechnet und man gab an, dass aufgrund der steigenden Treibstoffkosten und einer bewussteren Wahrnehmung der Umwelt das Betreiben von Luftwerbung nicht mehr zu rechtfertigen sei. Was wirklich dahinter steckte, konnte man nur vermuten. Die Militärs boten plötzlich mit Ihren Düsenstaffeln – und das ebenfalls vollkommen kostenlos – extrem spektakuläre Displays an, die die Zuschauermassen in ihren Bann zogen und dagegen konnte man mit den drei langsam fliegenden Piper Cub's nicht mehr ausrichten.

Burda-Formation über den Alpen.

BL-Staffel im Flug.

Mit der Bravo-Lima-Staffel lebt eine alte Idee neu auf

Hans-Jörg Streifeneder, einer der letzten Piloten der Burda-Staffel (von 1968 bis 1973) mit einer Flugzeugbauer-Lehre bei Scheibe und Dornier, blieb der Luftfahrt treu. Seine in der Staffel erworbenen fliegerischen Kenntnisse und Erfahrungen sind sehr gefragt und wären in der heutigen Zeit kaum mehr zu finanzieren. Streifeneder erinnert sich und meinte: »Uns junge Piloten konnte man damals noch formen«. So fügten sich Neulinge schnell in eine Staffel ein. »Wir flogen bis zu 40 Stunden pro Woche und das über die ganze Saison und hauptsächlich in den Feriengebieten, denn es sollte ja einen werbetechnischen Effekt bilden«. Nach dem Aus bei Burda ging er zurück zur Firma Glasflügel nach Saulgau und später zu Rolladen Schneider, wo er sich viele Kenntnisse insbesondere auch des Kunststoff-Flugzeugbaus aneignete. Sohn Christian folgte seinen Spuren und so entstand 1982 ein Service- und Reparaturbetrieb, der sich hauptsächlich auf Segelflugzeuge und Motorsegler in Faserverbundbauweise spezialisierte.

Es war dann eine 80-er Piper PA-18-150 Super Cub, mit der Werknummer 18-8009024, die er im Jahre 1999 gekauft hatte. Diese Maschine hatte das Kennzeichen D-EIBL und wurde zunächst nur von der Firma als Schlepp- und Fotoflugzeug eingesetzt. Die zweite Piper war die, die zuvor mehrere Jahre in einem Gartenhäuschen und in einem Wohnzimmer stand und eigentlich nur aus einigen demontierten Baugruppen und Einzelteilen bestand. Doch diese Baugruppen und noch mehrere Einzelteile, die sich teilweise in einem erbärmlichen Zustand befanden, warteten nur darauf, wieder ein Flugzeug zu werden. Insgesamt zwei Jahre hatte die Restaurierung in Feierabend-Arbeit gedauert, Sohn Christian half tatkräftig dabei mit. Nach ungefähr 3.000 mühevollen Arbeitsstunden war sie fertig, die D-ELBL. Die Maschine bekam aber nicht die alte Burda-Bemalung, denn für Nichts gibt‘s auch nichts. Hans-Jörg Streifeneder beschaffte sich daher das Original-Gelb der älteren Cubs und lackierte dieses Flugzeug identisch der D-ELBL. Und so erstrahlte die D-EIBL, die von einem Lycoming O-320 angetrieben wird, in der alten J3C-Originallackierung und dem schwarzen Blitz an den Rumpfseiten. Das Bärchen auf dem Seitenleitwerk ist obligatorisch und die Cowling ziert ein fliegendes Bärenmädchen.

Aus einer Restaurierung entstand die Idee der Bravo-Lima-Staffel

Zur D-EIBL kamen dann zwei weitere Maschinen älteren Baujahres, aber mit bewegterer Vergangenheit hinzu. Es waren zunächst die schon beschriebene D-ELBL, Baujahr 1955 und der Werk-Nr. 18-3944, die zuvor das Kennzeichen 54-2544, MM54-2544, I-EIQS, EI-245 und D-EBKP trug, was bedeutet, dass sie zunächst beim amerikanischen Militär und anschließend beim italienischen Heer, der Aviazione dell'Esercito (AVES), die übrigens zeitweise ab 1951 bis zu 302 PA-18 Super Cub betrieben, ihre Dienste getan hatte, bevor sie nach Deutschland kam. Die militärübliche verlängerte »Verglasung« wurde rückgebaut, um äußerlich einen einheitlichen Eindruck zu suggerieren. In der Grabenstettener Vereinshalle standen nun die D-ELBL und die ältere D-EIBL.

Beide Maschinen glichen sich rein optisch fast zu 100%. Bis auf eins: das war eben die Kennung, die mit Bravo-Lima endete. Vater Hanko und Sohn Christian hatten so nun ihre »Spielzeuge«. Doch dessen nicht genug. Immer auf der Suche nach weiteren alten Cubs fanden sie in Österreich eine reparaturbedürftige Super-Cup, die OE-CDP, die ursprünglich mal als N-zugelassenes Flugzeug aus den USA nach Deutschland kam. Sie war Baujahr 1957 und hatte die Werknummer 18-5664. Ihre vorherigen Kennzeichen lauteten N7196D, D-ECEQ, OE-ADH, D-EDAP, OE-CDP. Nach aufwendiger Restaurierung als D-EUBL ist sie nun die Jüngste nun im Dreierbund.

Allein die Kennungen, die Streifeneders hätten ja auch eine x-beliebige andere Kennung erhalten können, deuten darauf hin, dass Hans-Jörg Streifeneder stets heimlich mit dem Gedanken des Wiederauflebens einer Staffel à la Burda gedacht hatte. Wer nun wirklich die Initialzündung auch zu den ersten Verbandsflügen gegeben hatte, lässt sich heute nicht mehr so richtig nachvollziehen. Bei einem sehr vertraulichen Gespräch ließ er einmal durchblicken, dass für ihn die gelebte Zeit in der Burda-Staffel eigentlich viel zu kurz war, weil »die schönen Sachen alle vor meiner Zeit durchgeführt wurden«. Damit meinte er natürlich die Landung auf dem Titisee oder insbesondere auch auf dem Zugspitzplateau. Seine Zeit war auch dadurch geprägt, das man das Ende der Staffel herannahen sah. Etwas Wehmut steckte da also schon drin, aber anders wäre es wohl kaum zu Bildung einer neuen Staffel gekommen, in der er eine Art Fortsetzung des fliegerischen Gedankens mit

Hansjörg »Hanko« Streifeneder

Christian Streifeneder

dem Formationsflug am Leben erhalten möchte.

»Lasst es uns doch einfach mal probieren«, waren die Worte, die dann ein neuer Anfang für eine Staffel waren. Ausreichende Flugerfahrung war die Grundvoraussetzung für das Formationsfliegen. So hat jeder Pilot einige tausend Flugstunden auf dem Buckel. Dennoch musste erst einmal kräftig trainiert werden. Anfangs flog man irgendwo über der Schwäbischen Alb, bis man sich 2006 erstmals auf diversen Flugtagen zeigte. Man zeigte Formationsflüge, die großen Zuspruch fanden.

Es entstanden die unterschiedlichen Formationen, wie das Fliegen in einer Linie, die schwierigste Formation mit nur zwei Meter Flächenabstand! Tatsächlich kann man dabei vom Boden in Blickrichtung der Flugzeuge eine gedachte Linie ziehen. Wegen der geringen Abstände wird diese Formation ausschließlich nur im Geradeausflug geflogen. Das hintereinander Fliegen in der Kolonne ist im Vergleich dazu einfacher, weil die nachfliegenden Maschinen eine bessere Referenz zum Vordermann haben. Da ist das Kurvenfliegen im Verband dann auch kein großes Problem. Die für das Auge eleganteren Formationen sind der Keil oder auch die Treppe. Doch gleich welche Formation vom »Leader« durch Funk den Staffelkameraden durchgegeben wird, es muss viel trainiert werden, um das Vertrauen zueinander zu schaffen.

Etwa 20 Minuten dauert so ein »Programm«. Zum Start werden Begrüßungsbanner oder auch die Banner der Sponsoren an den Haken gehängt. Es folgt der typische »Luftzirkus«, eine Vorführung mit Formationswechseln und Flugmanövern auf engstem Raum (über einem gedachten Feld von 500 m x 500 m) und danach folgt das »Ballonstechen«, eine Jagd auf aufsteigende Ballontrauben, dies immer zur allergrößten Freude der Kinder. Höhepunkt ist kurz vor der Landung immer die Auflösung des Verbands, ein Hochziehen der Maschinen mit nacheinander folgendem Abkippen der Flugzeuge in die gleiche Richtung nach rechts oder links und erneutes Sammeln, um in kurzer Reihe nacheinander zur Landung anzusetzen. Ist die Landebahn breit genug, wird abschließend sogar im engen Verband gelandet. »Das«, erinnert sich Hans-Jörg Streifeneder, »war schon bei der Burda-Staffel eine der großen Spezialitäten«. Kaum gelandet, kümmert sich jeder der »diensttuenden Piloten« um »sein« Flugzeug.

Auch Verena Dolderer, Mitinhaberin des Flugplatzes Tannheim, scheut sich nicht, unter die Cowling zu kriechen und die Rußflecken des Motors und die unvermeidlichen Tropfen Öl wegzuwischen. Mit ihr ergab sich insofern auch eine günstige Konstellation, weil sie eine Flugzeughalle zur

Miete anbieten konnte, denn am Heimatort der Streifenders war für eine dritte Maschine kein Platz mehr. Und so sind die drei gelben Super Cubs nun ständig am Flugplatz Tannheim untergebracht.

Und für die erforderlichen Wartungsarbeiten ist dort auch eine guteingerichtete Werkstatt integriert. Neben Verena Dolderer, Helmut Stürzel, Mathias Loser als Leader, fliegen Christian und Hansjörg Streifeneder als Flügelmänner. Weil Formationsfliegen für die Bravo-Lima-Formation eine reine Freizeitbeschäftigung ist, insbesondere wenn gelegentlich Veranstaltungen besucht werden, richten sich die fünf immer danach, wer wirklich Zeit hat. Und das alles zum Selbstkostenpreis – es steckt tatsächlich keinerlei kommerzielles Interesse dahinter! Die je 50 Stunden pro Flugzeug und Jahr müssen einzig und allein von Vater und Sohn getragen werden! Auch sind mehr als vier bis fünf Events pro Jahr eigentlich nicht drin. Schließlich hat jeder auch noch seinen eigenen Beruf, in dem er gefordert ist. Für die Streifeneders ist die »Piperei« das Hobby schlechthin. Urlaub im herkömmlichen Sinne kennen sie nicht. Dann schrauben sie lieber an ihren gelben Vögeln. Sie wollen ihnen ja ein noch möglichst langes Flugzeugleben gönnen und »das könnten«, so der Senior, »durchaus 3.000 bis 5.000 Stunden sein.«

Anders sieht es mit den Motoren aus. Diese haben ja limitierte Betriebszeiten, auch wenn alle vom gleichen Typ sind, das spart Kosten und vereinfacht die Wartung. Der 150 PS starke O-320 wird nach wie vor bei Lycoming seit 1953 unverändert in unzähligen Flugzeugmustern geflogen und somit ist die Ersatzteilbevorratung absolut unproblematisch, was für andere Flugzeugteile schon etwas schwieriger ist, weil die Maschinen ja nicht mehr gefertigt werden. Doch wie bei vielen anderen Piper-Fans hat sich mit der Zeit auch bei Streifeneders ein kleines Ersatzteillager angehäuft. Da kann man schon mal aus den Vollen schöpfen, auch wenn's nur ein paar Schräubchen sind.

Die Formationsfliegerei mit Piper hat jedenfalls Tradition, denn Staffeln hat es schon einige gegeben. Anfang der 90er-Jahre war dies die Lima-Staffel aus Laupheim, die mit vier PA-18 aufgetreten sind. Und im Jahr 2000 hatte sich in Heide Büsum eine Interessengemeinschaft gebildet, die bis zu fünf PA-18 Cubs betrieben haben und auf vielen EIvents zu sehen waren. Ab 2006 gesellte sich die in Einheitsgelb auftretende BL-Staffel dazu. Fast stillschweigend verschwinden weltweit die berühmten Düsenkunstflugstaffeln und so wird man bald froh sein, dass es so etwas wie die Bravo-Lima Staffel überhaupt noch gibt.

Die perfekten Formationsflüge der heutigen BL-Staffel sind auf vielen Flugtagen zu bewundern.

Bundeswehr Cub, immer noch im Einsatz, jedoch nur zivil.

Die Cubs bei der Bundeswehr

Erstbeschaffung der neuen Deutschen Luftwaffe

Das amerikanische Verteidigungsministerium stellte Anfang der 50er-Jahre Pläne auf, wie eine Bundesrepublik Deutschland in ein westlich orientiertes Verteidigungsbündnis eingebunden werden könnte. Die Wiedererlangung der Souveranität war der erste Schritt dazu. In Zusammenarbeit mit dem neugeschaffenen Bonner Ministerium für Verteidigung und den Amerikanern entstanden Pläne innerhalb einer Bundeswehr auch eine Luftwaffe aufzubauen, die 1.400 Flugzeuge erhalten sollte. Die Gesamtstärke der Bundeswehr sollte 500.000 Mann umfassen. Erste Probleme zeigten sich bei der Auswahl der Standorte. Ein großer Teil war durch die Besatzungsstreitkräfte besetzt. Von etwa 100 vorhandenen Flugplätzen waren dadurch 50 nicht verwendbar und ein Teil der übrigen bestand nur aus Graslandepisten. Das Ziel lag bei 250 ausgebildeten Piloten pro Jahr. Für jüngere Leser sei erlaubt, darauf hinzuweisen, dass die neugeschaffene Bundesrepublik Deutschland über keinerlei Flugzeuge mehr verfügte. Die neugegründete Luftwaffe musste mit Null anfangen!

Fast alles noch im Originalzustand und selbst sogar die alte Kennzeichnung!

Piper PA-18 mit 90 PS in Original-Militärlackierung. Das Balkenkreuz wurde allerdings zugunsten der zivilen Kennung verschoben.

Winterspaß mit der Cub – hier mit der militärischen Kennung.

Zu den Kampf- und Transportflugzeugen zählten die RF-84 F Thunderflash, F-84F Tunderstreak, CL 13-Sabre und F-86K Sabre sowie die C-47 Dakota und die Noratlas und später dann die F- und RF 104G Starfighter. Es war für die damalige Zeit keine leichte Aufgabe die Ziele der Ausbildung auch so schnell zu erfüllen. Vor allen Dingen galt es nach elf Jahren, die seit dem Ende des Zweiten Weltkriegs vergangen waren, in die moderne Jetfliegerei umzusteigen, die nur wenigen neuen Pilotenwärtern von der Me 262 oder der Me 163 bekannt waren. Im Rahmen des Mutual Defence Aid Program der amerikanischen Regierung, kurz MDAP, sollte dazu die neue Deutsche Luftwaffe auch 40 Maschinen des Typs Piper L-18C erhalten. Finanziert wurde das aus einem Sonderprogramm der United States Air Force Europe (USAFE), die auch die Lieferung an andere Armeen wie insbesondere Frankreich, Niederlande, Belgien, Italien, Spanien und die Türkei mit einschloss.

Screening für die ersten deutschen Luftwaffenpiloten

Waren die Maschinen für Frankreich und die Türkei zusätzlich für Verbindungsaufgaben vorgesehen, so sollten die für Deutschland bestimmten Flugzeuge nur dem so genannten Screening dienen. 1956 war es dann so weit. Auf dem Fliegerhorst Fürstenfeldbruck übergab am 24. September 1956 die USAFE an die wenige Monate zuvor geschaffenen Bundeswehr die ersten drei Flugzeuge, darunter eine Piper L-18C Super Cub sowie zwei Harvard Mk. IV, ein Flugzeugtyp, auf die die Piloten nach erfolgreichen Screening weiter geschult wurden. Bemerkenswert bei diesem Ausbildungsschritt war, dass auch die Harvard ein Spornradflugzeug wie die Piper war. Der weitaus größere Umstieg war aber von der Harvard, auch besser als T-6 bekannt, auf den Jettrainer T-33 Shootingstar und die T-38 Talon.

Bei der Luftwaffe erhielt die Piper noch den Zusatz »Sperber«. Die L-18C war mit der zivilen Version der Piper PA-18-95 Super Cub mit dem 95 PS Continental-Motor vergleichbar. Die gelblackierte Maschine mit den Leuchtfarben an der Cowling, deren erstes Muster noch aus USAF-Beständen kam, wurde direkt vom Herstellerwerk um weitere 39 Flugzeuge ergänzt. Pilotenanwärter mussten die Propeller der Piper L-18C Cub noch von Hand anwerfen, ein Prozedere, das eigentlich nur von Flugzeugen vor dem Zweiten Weltkrieg her bekannt war, denn einen elektrischen Anlasser gab es für den 95 PS Motor noch nicht. Dazu gab es genaue Dienstanweisungen, um jegliche Verletzungsgefahr auszuschließen. Die Bundeswehr weist heutzutage darauf hin, dass die Piper das erste Flugzeug der neuen Deutschen Luftwaffe war.

Die Piper L-18C war bei der Luftwaffe nur kurz im Dienst

Etwa 35 Stunden mussten die Pilotenanwärter in der Regel auf der L-18C Super Cub schulen. Die Flugzeuge wurden nach der feierlichen Indienststellung anschließend zum Fliegerhorst Memmingen überstellt und dort bei der Flugzeugführerschule (FFS)S integriert. Die in Memmingen stationierten Flugzeuge erhielten die Bundeswehrkennungen AS+501 bis AS+540. Da Memmingen andere Aufgaben zugeteilt wurde und der Platz dringend benötigt wurde, verlegte man die Flugzeugführerschule über Diepholz am 1. Mail 1958 nach Uetersen, wo sich auch die Flugzeugführerschule (FFS)C für die Harvard Mk. IV innerhalb der Fluganwärterregiments (FlAnwRgt) befand. Hier wurden die Maschinen in AC+501 bis AC+540 umbenannt. Der Flugplatz Uetersen, damals noch ausschließlich militärisch genutzt, war und ist ein Graslandeplatz, also wie geschaffen für Spornradflugzeuge! Er wurde schon 1973 in einen zivilen Verkehrslandeplatz umgewandelt, nachdem das Fluganwärterregiment aufgelöst worden war. 1968 nach einer Änderung des gesamten Registrierungssystems erhielten die noch flugfähigen L-18C die Registrierungskennzeichen 96+01 bis 96+34.

Außencheck »completed« und Zündung »Ein«.

Bundeswehr Luftsportgruppen übernahmen die Super Cubs

Zu diesem Zeitpunkt begann bereits mit Auslieferung der Dornier Do-27 die Ablösung der Piper L-18C, die nach und nach an die Bundeswehr-Luftsportgruppen überstellt wurden. Der tatsächliche Ausbildungseinsatz der 40 Piper war so gesehen nur von sehr kurzer Dauer. Wie viele Pilotenanwärter wirklich ihre ersten Flugstunden auf der Super Cub meisterten, ist unbekannt. In verschiedenen Publikationen und im Internet tauchen häufig übertriebene Darstellungen auf, die suggerieren, dass tausende von Piloten der Bundeswehr ihr Screening auf der Piper Super Cub absolviert hätten, was aus vorgenannten Gründen unrichtig sein muss.

Die verbleibenden Maschinen, die weiterhin in den Registrierungskennzeichen 96+01 bis 96+34 geführt wurden, blieben aber auf den Bundeswehrflugplätzen. Schon 1963 kam bei der Bundeswehr die nächste Umstellung. Die Do-27 wurde zu anderen Missionen beordert und die ersten Bugradflugzeuge in Form der Piaggio P-149D wurden den Ausbildungsstätten zugeführt. 1980 erfolgte dann die endgültige Auflösung auch der Bundeswehr-Luftsportgruppen und die noch vorhandenen Maschinen des Typs Piper L-18 C gingen an private Luftsportvereine und private Halter über. Sie wurden größtenteils, da schon in den Bundeswehrgruppen mit Schleppkupplungen versehen, für den Segelflugzeugschlepp eingesetzt.

Diese Maschine ging als erste an die Bundeswehr. Sie ist jetzt in Gelnhausen stationiert.

D-EDGN

Der Erzberg, eine interessante Veranstaltung für die Cub-Piloten.

Die Cubs in Österreich

Österreich ereilte ein ähnlicher, fliegererisch-historischer Verlauf nach dem Zweiten Weltkrieg, wie Deutschland. Es wurde ebenfalls in vier Besatzungszonen (durch England, Frankreich, UdSSR und USA) aufgeteilt und dementsprechend standen auch dort die Flugplätze unter militärischer Nutzung. Nach dem Abzug der Truppen im Jahr 1955 erlangte das Land durch den Staatsvertrag wieder die volle Souveranität und der Nationalrat beschloss im gleichen Jahr die immerwährende Neutralität. Ein Teil der Flugplätze war, wie auch in Deutschland, unbrauchbar und es waren nicht selten die Vereine und ihre Mitglieder, die den Wiederaufbau vorantrieben. Motorflug gab es auch hier nicht, da nach dem Krieg die noch flugfähigen Maschinen beschlagnahmt oder vernichtet wurden.

1957 wurde ein eigenes Bundesheer gegründet und damit auch eine Abteilung Luftstreitkräfte, die eine eigene Flugausbildung von Anfang an vorsah und auf dem ehemaligen amerikanischen Flugplatz Tulln-Langenlebarn eine erste Ausbildungskompanie mit Flugzeugen amerikanischer Muster aufstellte. Zunächst wurde auch die Motorflugschule des Bundesministeriums des Inneren mit drei Leichtflugzeugen integriert. Zu den Neubeschaffungen gehörten zwei Piper PA-18-150, die schon ein Jahr später nach Aigen und Zeltweg verlagert wurden. Eine Nachbestellung über sieben Einheiten in der Version Piper PA-18-95, die der gleichen Kompanie zugeteilt wurden, waren die Basis aller fliegerischen Grundausbildung, bevor es auf weiterführende Typen ging. Ersatzweise beschaffte das Bundesheer 1958/59 auch noch 22 Cessna L-19A und 7 Cessna L-19E, die erst 1997 außer Dienst gestellt wurden.

Einmal pro Jahr wird ein Steinbruch zum Flugplatz.

Ende der 50er-Jahre kommt wieder Leben in Österreichs Motorflugszene

Nach und nach kam neben dem Segelflug auch wieder Leben in die Motorflugszene Österreichs, auch wenn – anders als in Deutschland –, der Staatsvertrag einige Repressalien vorsah, die nach heutigen Gesichtspunkten absolut unverständlich sind. Zunächst waren beispielsweise jegliche Käufe von Flugzeugen aus Deutschland oder Japan strikt untersagt, ein Entscheid, der erst 1965 aufgehoben werden sollte. Entsprechend langsam entwickelte sich die zivile Motorflugszene, auch war die wirtschaftliche Entwicklung des Landes, so wie sie sich heute darstellt, nicht mit den 50er-Jahren vergleichbar. Eigene Flugzeugproduktionen, wie die Job 5 und 15 von Oberlerchner waren, ähnlich der J3C, schon nicht mehr zeitgemäß, so dass schon nach wenigen Jahren Produktionszeit und nach nur 24 gefertigten Exemplaren die Produktion wieder eingestellt werden musste.

Im gleichen Jahr wurden alle noch verbliebenen Piper PA-18 Super Cub des Bundesheeres in die Heeresflugportvereine überstellt. Das gab dem Luftsport einen ersten leichten Schub, weil über diese Vereine auch den Zivilisten das Motorfliegen in Österreich erleichtert wurde. Die ersten privaten Käufe Richtung Piper konzentrierten sich auf ehemalige L-Typen mit der größer verglasten Kabine, denn die von Österreich offiziell gekauften Maschinen für das Bundesheer waren die rein zivilen Versionen und man wollte sie auch ausschließlich nur für das Screening benutzen. Wie rund um den Globus galten die L-4 auch wegen ihrer Vielzahl aus Armeebeständen als besonders günstig. Die Zahl der privaten Neukäufe direkt von Piper hielt sich deswegen besonders auch in Österreich sehr in Grenzen.

Austro Control als zuständige Behörde wies zum Jahreswechsel 2012/13 insgesamt 37 Piper Cub-Flugzeuge aus – von der J3C bis hin zur Piper Super Cub mit 180 PS und der Piper PA-19. Von diesen Maschinen befinden sich je zwei bei der Heeres-Flugsport-Vereinigung in Langenlebarn und Zeltweg.

In den Bergen fühlt sich die Super Cub besonders wohl. In Zell am See wird jedes Jahr, bei entsprechender Schneelage, eine Skipiste präpariert.

Gebirgs- und Skiflieger auf Piper-Basis

Die Wiederentdeckung des Piper-Klassikers hat allen Cubs ein Comeback beschert. Ähnlich wie in der Schweiz war man versucht, in diesem auch für den Wintersport bekannten Land, die Cubs auf Skier zu stellen und damit ins Gebirge zu fliegen. Es wird auch von einigen Rettungen berichtet, die mit skibestückten Cubs durchgeführt wurden. Polizeirettungsflieger und Pionier der österreichischen Flugrettungsdienstes war Eduard Bodem in Tirol, der seine Einsätze – ähnlich wie Herman Geiger in der Schweiz – mit der PA-18 Super Cub durchführte. Doch ebenso schnell wie im Nachbarland wurden für solche Fälle Hubschrauber zunehmend eingesetzt, was nicht heißen soll, dass es heutzutage keine »Skiflieger« in Österreich mehr gibt. Ja, man nutzt sogar sehr gerne die Wintermonate, um am Fahrwerk zusätzliche Skier zu montieren, wenn verschiedene Plätze nicht von den Schneemassen geräumt werden.

Eine sehr viel populärere Art des »Skifliegens« ist hingegen inzwischen die Gebirgsfliegerei. Die Österreichische Gebirgspiloten Vereinigung landet bevorzugt außerhalb regulärer Flugplätze und Flugfelder und auf vorwiegend geneigten Pistenflächen. Oftmals liegen die Ziele auf Eisflächen und Gletscherflächen. Die Piloten sind ein kleines Häufchen engagierter Enthusiasten, die vorwiegend Piper Cubs fliegen und in ihr nach wie vor das spaßigste Flugzeug sehen.

Vereinspräsident Martin Skacel besitzt selber eine Piper PA-18-95 Super Cub, und wenn er kann, lässt er kein Piper-Fliegertreffen aus. So stehen der Vereinigung gegenwärtig in Österreich acht Gebirgslandeplätze zur Verfügung. Als einer der Höhepunkte galt vor ein paar Jahren die Landung auf einer Rampe des steirischen Erzberges. Diese provisorische Piste stellte eine besondere Herausforderung für die 15 Maschinen dar, die auf einem schräg aus dem Berg gesprengten Fahrweg bestand. Ganze 300 x 20 m standen zur Verfügung. Neben einigen anderen Flugzeugtypen bestanden diese Herausforderung selbstverständlich auch ein paar Super Cubs.

Eine J3-C in der Nähe des Neusiedlersees beim entspannenden Abendflug.

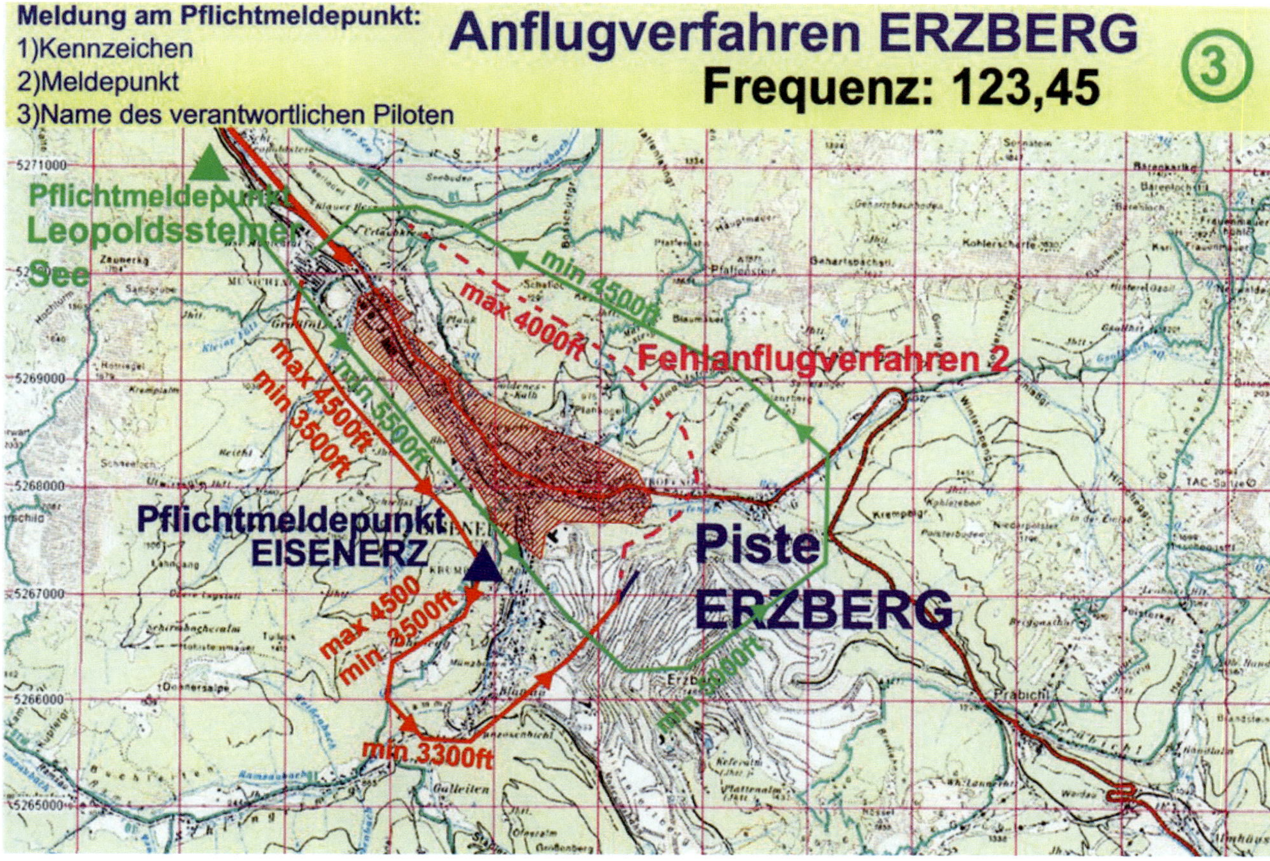

Das Anflugverfahren für den Erzberg.

Dieser mehr als außergewöhnliche Landeplatz, der nach umfangreichen Vorbereitungen jeweils nur interimsweise für Gebirgslandungen von Austro Control freigegeben wird, wird sicher nicht die letzte Herausforderung für den Club und seine Freunde gewesen sein. Der Verein selbst, inzwischen über 80 Mann stark, empfiehlt seinen Interessenten die Ausbildung für die Gletscherfliegerei, bzw. die Gebirgsfliegerei in der Schweiz, oder noch besser in Frankreich, wo die Möglichkeiten einfach universeller sind als in Österreich.

ÖGPV-Präsident Martin Scarcel hat sich um das Bergfliegen in Österreich verdient gemacht.

Eine L-4C vor dem berühmtesten Berg in der Schweiz, dem Matterhorn.

Die Schweiz und ihre Cubs

Eidgenossen kauften Piper L-4 nach dem Zweiten Weltkrieg zu Niedrigpreisen

In der Schweiz gibt es eine besonders hohe Zahl an Cubs und Super Cubs. Das hat seine historische Bewandtnis. Bereits im Jahr 1946 gelang es den Schweizer Aero-Clubs sehr günstig aus amerikanischen Armeebeständen Piper Cubs zu ergattern. Der Grund lag auf der Hand, denn die amerikanischen Streitkräfte hatten bei dem überzähligen Material kein Interesse einer Rückführung in die Staaten. Die US-Army verkaufte ihre teilweise noch nagelneuen Piper L-4C Cubs, die seinerzeit mit dem 65 PS Conti ausgestattet waren, so billig, dass kein Verein oder Privatinteressent Nein sagen konnte. Im Gegenteil. Es gab sogar ganz Pfiffige, die sich gleich mehrere Flugzeuge beschafften. Die Army wollte sich auch so schnell wie möglich von dem überzähligen Flugmaterial lösen und verkaufte sogar losweise die Maschinen, wobei ein Los in der Regel vier Maschinen umfasste.

In Deutschland war die wirtschaftliche Situation nach dem Krieg katastrophal. Dies ganz im Gegensatz zur Schweiz, wo der Zweiten Weltkrieg zwar auch nicht ganz spurlos vorbeigeschrammt war, den Schweizern selbst wurden aber weder irgendwelche Zwänge auferlegt, noch leidete man unter Hunger, wie in dem von Flüchtlingen übersäten Deutschland.

Während des Krieges war auch in der Schweiz kein Luftsport möglich. Das ging auf einen Erlass der Berner Bundesregierung zurück. Umso aktiver wurden die Luftsportgruppen in der Zeit danach. Die vom Eidgenössischen Luftamt vorgeschriebene Prüfung einer Wiedergültigerklärung der ursprünglichen Vorkriegsbewilligung war mit ein paar Nachweisflügen schnellstens reguliert, auch wenn einige Jahren dazwischen lagen.

Diese Piper L-4C wurden vom Militär ins zivile »Leben« übernommen.

Nach der Restaurierung über dem Schaffhauser Fluggelände Schmerlat.

In den 50er- und 60er-Jahren das Standard-Schulflugzeug

Bis in die 60er-Jahre hinein war die L-4 Cub, teilweise auch mit anderen Motoren umgerüstet, das Schulflugzeug der Schweizer Aero Clubs schlechthin. In dem Reparaturbetrieb Max Dätwiler sollen alleine über 80 Cubs umgerüstet worden sein. Auch wurden bei ihm einige Maschinen auf den 165 PS Franklin-Motor umgerüstet. Die L-4 war ja seinerzeit so ausgelegt, dass sie ohne weitere Verstärkungen sogar Motoren bis 180 PS verkraften konnte, was in einige Fällen auch bei Mécanair S.A. in Gruyère in der Westschweiz erfolgte. Diese Maschinen benötigten eine neue Cowling und erhielten die Bezeichnung PA-18-180 M, was eigentlich nicht ganz korrekt war, denn die Maschinen, noch als L-4C Cub ausgeliefert, hatten eigentlich nichts mit den sehr viel später ausgelieferten PA-18 Cub oder den Super Cubs zu tun. Mecan Air wollte damit aber die extreme Steigleistung, die durch den Einbau des 180 PS-Motors erreicht wurde, herausstellen. Und wie auch bei allen Umrüstungen in Schweizer Betrieben verbesserte man auch gleich das Interieur der ursprünglich sehr spartanisch ausgestatteten Militärversion.

Auch die Armee beschaffte Piper-Flugzeuge

Eine Sonderrolle spielte die Beschaffung von insgesamt sechs Flugzeugen der Typen Piper PA-18-125 und PA-150 bei der Schweizer Armee. Das erste Los umfasste 1956 zwei PA-18-125, für die Artilleriebeobachtung und als Verbindungsflugzeug, von denen man sich aber nach kurzer Zeit schon wieder verabschiedete, weil man der deutschen Do-27 den Vorrang gab. Dennoch wurden 1964 nochmals vier Maschinen der Super Cub PA-18-150 beschafft. 1976 trennte sich die Armee ganz von den vorhanden vier PA-18-150 Super Cub und überließ sie der Vereinigung der Schweizer Fliegeroffiziere. Die Sonderaufgaben, die den Verbindungsflugzeugen zuteil wurden, übernahmen bereits ab 1958 Alouette II- und später auch Alouette III-Hubschrauber aus Frankreich.

Die Grenchener Cub wurde 1943 gebaut und 1946 als Schulflugzeug in Dienst gestellt.

Das Traditionsflugzeug verrichtet in Grenchen von 1946 bis heute brav seinen Dienst als Schul- und Charterflugzeug.

Flugspaß garantiert.

Warum Flugzeuge in der Schweiz länger halten als anderswo

Es gehört wohl zur Schweizer Mentalität, nicht nur Werte zu schaffen, sondern sie auch zu erhalten. Vergleicht man Maschinen gleichen Jahrgangs mit denen aus den USA, Frankreich, England, Deutschland oder eben der Schweiz, dann wird man als kritischer Beobachter stets die gleiche Feststellung machen: fast kein Flugzeug ist so gut erhalten und gepflegt, wie das von Schweizer Eignern. Ja geradezu auffällig ist bei jedem Treffen, dass nach der Landung jeder Öltropfen, Rußpartikel oder Mückenbefall an den Flügelnasen sofort akribisch entfernt wird. Und so wie sich die guten alten Cubs von außen präsentieren, so sind sie auch innerlich in der Regel in allerbestem Zustand.

Wer die Schweiz und die Schweizer kennt, weiß, dass die Kantone und ihre Menschen gewohnt sind, besonders auch Technik, die ja in der Regel immer teuer bei der Anschaffung bezahlt werden muss, möglichst lange funktionstüchtig zu erhalten. Das gilt insbesondere für alle Fahrzeuge und Luftfahrzeuge, wie auch in den Beschaffungsstatistiken der Schweizer Armee nachzulesen ist. So sind der größere Teil der Kampfflugzeuge bedeutend länger im Einsatz als bei jeder anderen Armee der Welt, und selbst nach deren Ausmusterung wirken sie nicht selten – bis auf die natürlichen Abnutzungserscheinungen – wie neu.

Zum Zeitpunkt der Drucklegung waren beim Bundesamt für Zivilluftfahrt (BAZL) in Bern noch 115 Piper J3C Cub, PA-18 und PA-18 Super Cub sowie einige der in den 50er-Jahren modifizierten Dätwiler Cubs mit den Franklin-Motoren, die die fortlaufenden Seriennummern MDC-1001 usw. erhielten und die besonders starken 180 PS-Versionen der Mécanair, registriert.

Die Schweiz als Wiege der Gletscherfliegerei

Besonders stolz ist man in der Schweiz aber auch auf die Tatsache, dank der Piper Cubs die Gletscherfliegerei »erfunden« zu haben, nachdem die ersten Bergrettungen bereits mit Fieseler Störchen der Armee zwischen 1942 und 1945 durchgeführt wurden. Ganz so

Der Schweizer Beech 18 Pilot Carlo Ferrari aus Grenchen ist oft und gerne mit dem »Einfach-Flugzeug« Piper L-4 unterwegs.

spektakulär oder neu war das Starten und Landen auf Skiern vom Prinzip allerdings nicht mehr, weil schon in den 30er-Jahren in amerikanischen Rocky Mountains und in den Schneeregionen Kanadas Skier als Landehilfe durchaus bekannt waren. Doch das Starten und Landen an steilen Berghängen kann eindeutig den Cubs zugeschrieben werden. Auch wenn heute wie selbstverständlich Touristen mit einer Pilatus Porter oder sogar einer Twin Otter auf fast 4.000 m Höhe in den Alpen »gekarrt« werden, so ist das An- und Abfliegen an bis zu 25 Grad steilen Berghängen keine Selbstverständlichkeit.

Die Piper Super Cub, mit ihren ausgezeichneten STOL-Eigenschaften und ihrer phantastischen Wendigkeit, womit sie auch in engsten Tälern operieren kann, wurde auch zum Favorit von Hermann Geiger. Auch wenn Geiger als Miteigner seines Unternehmens, der von ihm mitgegründeten Air Glacier, immer sehr strategisch dachte und über die Zeit hinaus für die Bergrettung, wofür er die Piper verwendete, den Hubschraubern noch bessere Möglichkeiten zusprach. Mit einer von ihm entwickelten Technik konnten die Skier mittels einer simplen Hydraulik gehoben oder gesenkt werden. Die Skier sind dabei so angebracht, dass sie an der verlängerten Radachse über ein Drehlager verbunden sind. Eine Kinematik, gesteuert durch eine Hydraulik, die per Handpumpe betätigt werden kann, ist so in der Lage, die Skier nach dem Start anzuheben bzw. vor der Landung auf den Schneeflächen abzusenken. Die Position der Skier ist nach hinten durch feste Spannseile fixiert, während der vordere Teil durch Spanngummis gehalten wird. Das ermöglicht bei Unebenheiten ein Nachgeben des Skis.

Die Landetechnik mit Skiern ist was Besonderes

Die Landung erfolgt notfalls entgegen aller fliegerischer Regeln auch mal mit dem Wind. Ein Durchstarten ist in der Regel wegen der dünneren Luft für die Cub nicht möglich, im Gegensatz z.B. zur erheblich massiver motorisierten Turbo-Porter. Das heißt, die Landung muss sitzen und sie wird fast mit Vollgas und gesetzten Klappen geflogen. Am obersten Punkt dann die Maschine quer so zum Hang drehen, dass sie stehen bleibt. Der Wenderadius muss dabei stimmen. Er ist sehr viel größer als am Boden. Der Start erfolgte talwärts mit Vollgas und in Dreipunktlage. Der Knüppel bleibt neutral und erst am Gletscherabbruch wird leicht nachgedrückt und noch mehr Fahrt aufgeholt.

Geiger allein konnte so fast 600 Menschen aus Bergnot retten oder verunfallte Skiläufer oder Wanderer mit an Bord nehmen und sicher ins Tal fliegen. Er verbesserte seine Techniken permanent, flog auch Hilfseinsätze für Berghütten, warf Futter für versprengte Tiere oder Brennholz ab oder brachte auch Bergretter näher an Verunfallte heran, was heutzutage wie selbstverständlich von Hubschraubern verrichtet werden kann.

In Folge gab Hermann Geiger seine Kenntnisse an viele andere Piloten weiter, doch er war auch nie zufrieden mit Erreichtem. Im Pilatus-Werk setzte er sich stark für die Turbo Porter ein, weil die Kolbenversion nicht für alle Einsätze geeignet war, die er sich vorstellte. Trotz seiner über 23.000 Gletscherlandungen drängte er auch im eigenen Unternehmen darauf, für Rettungseinsätze eines Tages ausschließlich die Hubschrauber einzusetzen. Europaweit warb er in den 50er- und 60er- Jahren für die Berg-Rettungsfliegerei, hielt Vorträge, sammelte Spenden ein, und ließ sich auch überreden, einen Film entstehen zu lassen. »SOS Gletscherpilot«, so der Titel, nach dem Buch von Max Frisch war für die Produktionsfirma allerdings ein finanzielles Desaster. Die Kosten für die aufwendigen Außenaufnahmen konnten leider nie eingespielt wurden, auch wenn er teilweise in allen deutschen Kinos lief.

Fast vergessen sind auch Geigers Bemühungen zur Gründung der späteren Schweizer Rettungsflugwacht, der REGA. Seine rote, seinerzeit schon berühmt gewordene Piper, wurde ihm im Jahr 1966 bei einem Schulflug mit einer jungen Pilotin über dem Flugplatz Sion zum Verhängnis. Sie stießen mit einem Segelflugzeug zusammen und Hermann Geiger starb im Alter von 52 Jahren am 26. August 1966, während seine damalige Flugschülerin den Unfall überlebte und auch die Fliegerei nicht aufgab.

Weggefährte Geigers war Bruno Bagnoud, der noch 1965 mit ihm die heutige Air Glaciers gründete, das größte Schweizer Hubschrauberunternehmen, das seit diesem Zeitpunkt über 40.000 Bergeinsätze absolviert hat. Eine Piper Super Cub ist dem Unternehmen geblieben – für Foto und Touristikflüge und natürlich auch für Ausbildungen zur Gletscherfliegerei, die ebenfalls vom schweizerischen Aero Club als eine Sondersparte des Motorflug Verbandes hoch in Ehren gehalten wird. Eine autonome Gruppe, die auch Ausbildungsflüge – nach wie vor auf der PA-18 Super Cub – durchführt, ist die Schweizer Gletscherpiloten-Vereinigung. Von insgesamt elf Schweizer Gletscherflugschulen, die der Verband empfiehlt, haben allein sieben nach wie vor die Piper PA-18 Super Cub im Bestand!

Hermann Geigers Super Cub wurde sowohl mit zwei riesigen Spezialdämpfern als auch mit hydraulischen Skiern ausgerüstet.

Gletscherflug mit der Super Cub - das ideale Flugzeug für extreme Einsätze.

Auf Geigers Spuren

Hans Fuchs und Frank Herzogs Gletscherflugerlebnisse

Eine der großen Herausforderungen in der »Sport-Fliegerei« ist zweifellos die Gebirgs- und Gletscherfliegerei. Es ist nicht nur das Erleben der faszinierenden winterlichen Bergwelt aus der Vogelperspektive, sondern besteht auch aus der Kombination von Flugerfahrung und der entsprechenden Technik, die Gletscher und verschneiten Bergwiesen als Lande- und Startplatz zu nutzen. Ein berühmter Vorreiter in dieser Disziplin war der Schweizer Hermann Geiger. Zunächst packte er sämtliche Transportgüter unter den Rumpf seiner Piper Cub und warf diese dann in der Nähe der Hütten ab, in den Tiefschnee. Bis ihm eines Tages durch das intensive Beobachten der Bergdohlen die Idee kam, es ebenso mit der »Bergauf-Landetechnik« zu versuchen. Am 10. Mai 1952 gelang ihm seine erste Landung in hochalpinem Gebiet in einer Höhe von 2.600 m. Seine Piper Super Cub war mit einem hydraulischen Ski-System ausgerüstet, was ihm erlaubte, mit Rädern zu starten und im Schnee mit Skiern zu landen.

Die Landungen der Bergdohlen gaben die Idee zur Bergauflandung.

Hermann Geiger

Von Saanen über die Schweizer Bergwelt

Auch wir haben eine Piper Super Cub mit Skiern und starten am frühen Morgen bei stahlblauem Himmel in Saanen/Gstaad. Mein Pilot ist der Schweizer Hans Fuchs. Er ist Vizepräsident der europäischen Bergfliegervereinigung und kennt die Alpen wie kaum ein anderer. Dies beruhigt mich ungemein, denn mit seiner Erfahrung haben wir sowohl von der Navigation, als auch von der Einschätzung des Wetters keine Probleme zu erwarten, sodass ich den Flug richtig genießen kann. Nach weniger als 200 m verlassen wir den Asphalt in Saanen auf der 08. Hans nutzt den sonnenbeschienen Steilhang auf der rechten Seite um rasch Höhe zu gewinnen. Der O-320 verrichtet brav die harte Arbeit.

Die Szenerie überwältigt mich schon während des Steigfluges. Die Bergwälder scheinen unberührt und heben sich mit ihrem satten Grün überaus wohltuend von den stark reflektierenden Schneefeldern ab. Über der Baumgrenze wachsen mächtige Felsgebilde aus den kargen Wiesen, welche hier bis ca. 2.500 m Höhe reichen. Unser geplanter Flugweg führt uns in 8.000 ft über den Diableretes, nach Südwest Richtung Frankreich. Bei Martigny überqueren wir das Rhonetal. Links unter uns liegt Sion, der einstige Heimatplatz von Hermann Geiger. Von hier oben aus ergreift mich eine tiefe Ehrfurcht vor der Pionierleistung dieses Piloten, der in dieser für mich noch fremden Welt, seine erste Gletscherlandung gewagt hatte. Wir fliegen weiter, überqueren den Col de la Forclaz und sind nun schon fast in Frankreich. Links über uns erhebt sich das gigantische Mont Blanc-Massiv. Seine imposanten Gletscher scheinen sich kaskadenförmig über die Stadt Chamonix zu stürzen.

Geigers stark modifizierte Super Cub. Man beachte das extrem verstärkte Fahrwerk und die genial einfache Transport-Einrichtung unter dem Rumpf mit einer Ladung Brennholz im Hängegurt.

HB-PC

Frische Spuren in pulvrigem Neuschnee auf dem Tsanfleuron, östlich des Diablerets.

Altiport Megève, ein Flugplatz im Hochgebirge

Wir lassen den Aiguille du Midi links liegen und befinden uns bereits im leichten Sinkflug auf den Altiport Megève. Er liegt in einem Talschluss südöstlich, oberhalb des Dorfes in 4.800 ft. Die 600 m-Bahn ist schneebedeckt, gewalzt wie eine Skipiste und steigt mit 7% gegen Osten an. Damit hat Hans kein Problem, eher mit dem Gegenlicht. Wir melden uns in 5.500 ft über dem Einflugpunkt November. Mit etwa 500 ft über Grund kurven wir in den engen Talkessel, der völlig im Schatten liegt, fliegen rechts parallel zur der Piste, drehen über dem Hangar am Ende der Bahn wieder nach links in den Gegenanflug, während wir uns die Sache von oben genauestens ansehen. Wir entscheiden uns für eine Skilandung. Hans pumpt mittels hydraulischer Handpumpe mit ca. 25 Hubbewegungen die Ski unter die Räder. Bereits im Gegenanflug sinken wir auf 5100 ft und setzen die Klappen auf 10°. Der Endanflug erfolgt mit Schleppgas in einem relativ flachen Winkel. Die Geschwindigkeit liegt bei 70 mph.

Kaum haben wir ins Final eingedreht, blicken wir in ein Schwarzes Loch. Die Sonne steht knapp über dem Talkessel direkt in der Pistenverlängerung und blendet extrem. Ich kann beim besten Willen keine Piste mehr erkennen, Hans fliegt ungerührt weiter ins Dunkel und meint gelassen: »Ich sehe auch nichts, nur gut, dass ich hier schon mal war«. Und zu meiner Überraschung meint er noch: »Nimm jetzt deine Sonnenbrille ab und kneif die Augen zusammen!« Erst etwa 20 m vor der Schwelle tauchen auch wir in den Schatten ein und siehe da, mit einem Mal können wir nun die Oberfläche der Runway wieder erkennen, mit Sonnenbrille wäre das wohl nichts geworden. Sowohl Anflugwinkel, Höhe über Grund, als auch die Geschwindigkeit stimmen perfekt und Hans fängt 10 bis 15 Sekunden später den Flieger mit etwas Gas sanft ab und gleitet auf den Ski zügig hinauf zur Plattform am Ende der Piste. Die Erde hat uns wieder. Wir suchen uns einen freien Parkplatz direkt vor der Flugschule.

Das Manövrieren des Flugzeuges auf Ski auf der ebenen Fläche erfordert viel Fingerspitzengefühl, denn es stehen dem Piloten ja keine Bremsen zur Verfügung und auch die Kurvenradien sind, wie ich feststellen muss, erheblich grösser, sodass eine sorgfältige Vorausplanung auch am Boden unabdingbar ist.

Anflug auf den Langgletscher am Talende des Lötschtals in den südlichen Berner Alpen.

Der französiche Zoll macht wegen fehlender Dokumente große Probleme

Hans hat einige Mühen mit den folgenden Zollformalitäten, denn er hat leider seine Papiere vergessen und muss diese unverzüglich per Fax von der Schweiz an die Grenzpolizisten schicken lassen. Als EU-Bürger habe ich damit kein Problem, und so nehme ich mir etwas Zeit für einen kurzen Blick in die beiden Hangars, wo vier oder fünf Jodel Mousquetaire und eine Super Cub des örtlichen Fliegervereins stationiert sind. Mit ihnen werden sowohl Rundflüge zum nahen Mont Blanc, als auch Schulungsflüge für den Gebirgsflug unternommen. Megève ist dank diesem ansehnlichem Flugzeugpark und einer großen Anzahl Fluglehrer der ideale Platz um eine auf Französisch »Stage« genannte Ausbildung zu absolvieren. Sowohl für eine »Qualifikation Montagne« auf Rädern, wie auch für eine solche auf Ski müssen etwa 25 Flugstunden veranschlagt werden. Diese Ausbildung ist ein absolutes Muss, will man Gletscherlandeplätze oder einen der rund 100 Gebirgsplätze in Frankreich sicher und legal auf eigene Faust erkunden.

In St. Roch Mayères ist immer was los

Nachdem wir uns durch Abhören der Platzfrequenz und durch sorgfältiges Absuchen des Himmels vergewissert haben, dass kein anderes Flugzeug im Anflug ist, starten wir zügig auf der abfallenden und anfangs nicht einsehbaren Schneepiste. Äußerste Sorgfalt ist Pflicht, denn Starts und Landungen in jeweils entgegengesetzter Richtung lassen für Irrtümer keinerlei Spielraum. Nach dem Abheben steigen wir mit Startleistung und mit ca. 80 mph in nordwestlicher Richtung. Nach nur wenigen Minuten Flugzeit erreichen wir so den Altisurface von St. Roch Mayères. 330 m Länge mit 10% Steigung sagt das Anflugkärtchen, das die AFMP der Verein der Französischen Gebirgspiloten seinen Mitgliedern zu Verfügung stellt. Wir rasten die französische Gebirgsflugfrequenz 130.00 MHz und nachdem wir offenbar keine andern Flugzeuge in der Nähe haben, passieren wir erst mal in einem Abstand von ca. 200 m vor der Schwelle von Süd nach Nord. Der Platz liegt idyllisch auf einer nicht allzu steilen Gebirgsterrasse an deren Ende allerdings eine etwa 800 m hohe Felswand senkrecht in den Himmel

Eines der zahlreichen Schulflugzeuge in Megève. Eine D.140 Mousquetaire mit Hydraulik-Skiern sowohl für Bergflug- als auch für Gletscherflug-Ausbildung sehr gut geeignet.

Überflug über den Claridensattel in den Glarner Alpen.

ragt. Die Piste ist gut zu erkennen, denn sie ist mit Spuren zuvor gelandeter Flugzeuge übersäht. In einer weiten Linkskurve umfliegen wir den Platz um schließlich nah der Felswand entlang in etwa 10 m Höhe westlich durchzufliegen. Ausgiebig begutachten wir dabei die Spuren im Schnee, um daraus zu erkennen, welche Schneeverhältnisse uns hier wohl erwarten werden. Diesmal ist es leicht, meint Hans, doch darin liege die eigentliche Schwierigkeit bei Gebirgslandungen: Nicht das Landen, sondern danach auch wieder starten zu können, ist die eigentliche Kunst, und dies vorher aus der Luft schon richtig abzuschätzen.

Unmittelbar über dem Platz in 10 m Höhe Grund ruft Hans die Höhe, die er am Höhenmesser abliest, aus. Dies ist genau jene Höhe, in der wir nun unsere Platzrunde abfliegen. Auch wenn man mit der Zeit auch ohne dieses Hilfsmittel die relative Höhe zum Platz spürt, tun auch Routiniers gut daran, weiterhin an solchen Dingen festzuhalten. In einem 45°-Winkel zur Pistenrichtung fliegen wir unseren Gegenanflug. Drehzahlreduktion, das Setzten der Klappen, Nachtrimmen und erneute Leistungskorrektur erfolgen fließend. Tankwahlschalter auf volleren Tank, Mixer auf optimale Stellung und selbstverständlich Ski auf Skistellung sind die weiteren Punkte der kurzen Checkliste, die jetzt abgearbeitet werden muss. Nach einer knappen Minute drehen wir in den Queranflug. Wichtig jetzt ist einerseits der Blick auf den Platz, um sicherzustellen, dass auch optisch die Höhe stimmt und kein Hindernis oder gar abfliegendes Flugzeug die Piste belegt und zweitens zeigt ein Blick auf den Windsack, ob bei der Landung mit Gegenwind, Rückenwind, oder gar mit Turbulenzen gerechnet werden muss.

Wir drehen in den Endanflug, den wir wiederum mit 70 mph in Angriff nehmen. Der Windsack hier in St. Roch Mayères hängt schlaff nach unten. Keine Probleme also von dieser Seite. Wir zielen etwa 10 m vor die Pistenschwelle und halten die Geschwindigkeit mit dem Höhenruder konstant. Kurz vor Erreichen der Schwelle wird die Leistung reduziert, um dann mit wenig Gas das Flugzeug in Dreipunktlage abzufangen. Die Landung ist zunächst sanft, doch die alten Spuren anderer Flugzeuge wollen die Herrschaft über unsere Auslaufstrecke übernehmen, sodass ein kräftiger Einsatz der Fußpedale notwendig wird. Nach dem Anhalten lassen wir dem Motor ein oder zwei Minuten Zeit sich etwas abzukühlen und stellen ihn dann durch Ausschalten der Magnete ab. Dies ist im Gebirge bei Vergasermotoren gängige Praxis, um beim Anlassen auch gleich wieder die richtige Gemischeinstellung zu haben.

St. Roch Mayères mit Blick auf das Mont Blanc-Massiv

Nun stehen wir also auf dem wohl schönsten Gebirgslandeplatz Frankreichs und genießen den atemberaubenden Ausblick auf den Mont Blanc, den höchsten Berg Europas, der sich uns gegenüber imposant in den dunkelblauen Himmel erhebt. Hans hat nicht zuviel versprochen. Wer möchte, kann diesen zauberhaften Ort im Sommer von Sallanche aus auch mit dem Geländewagen erreichen und findet neben der Piste ein schönes altes Chalet, indem Robert Martinatto, ein ehemaliger Fremdenlegionär virtuos die Kochkelle schwingt.

Nachdem alle Fotos im Kasten sind, erheben wir uns erneut in die Luft, denn langsam fangen unsere Mägen, getreu französischer Gepflogenheiten, zu knurren an. Unser Ziel ist das etwa 30 Minuten entfernte Meribel, eine große Skistation im riesigen zusammenhängende Skigebiet von les Trois Vallées, welches mit Chourchevel und Meribel mit zwei Altiports und mit Val Thorens mit einem Altisurface, sowie mit l'Arpette auch noch mit einen privaten Gebirgslandeplatz aufwarten kann. Während die Piste von Chourchevel im Winter geräumt ist und sich tiefschwarz von der weißen Umgebung abhebt, landen wir in Meribel erneut auf Schnee. Der Platz liegt etwas oberhalb des Dorfes idyllisch eingebettet in einem schönen Nadelhochwald, der die Piste zu beiden Seiten säumt. Die schmale 400 m-Runway mit 11% Gefälle bietet keine besonderen Schwierigkeiten. Ein dem Hotel am linken Pistenrand angegliederter Hangar beherbergt die drei Jodel des örtlichen Vereins. Auf der rechten Seite im Abstand von 30 m von der Plattform führt ein Sessellift ins weiträumige Skigebiet. Es ist schon etwas ganz besonders hier im Winter mit seinem Skiflugzeug zu landen, im schönen Airport-Hotel zu logieren und alle Pisten und Annehmlichkeiten dieses exquisiten Skigebietes zu genießen. Hans, ebenfalls Hotelier, hat es offenbar zusammen mit seiner Gattin bereits mehrmals getestet und gerät daher schnell ins Schwärmen.

Mittagessen auf der gut besuchten Sonnenterrasse im Airport-Hotel von Meribel.

Dass die Küche ganz ausgezeichnet ist, kann ich nach einem reichhaltigen Mittagsessen selbst nur bestätigen. Die Exklusivität hat jedoch auch ihren Preis, dies kann man aber angesichts des Gegenwertes gut verschmerzen. Die Landung selber kostet aber hier nie etwas, auch Abstellgebühren sind völlig unbekannt. Fast immer wird man per Handschlag begrüßt und darf mit jeder Unterstützung der örtlichen Piloten rechnen. Es gefällt uns hier so gut, dass wir viel länger als geplant auf der Sonnenterrasse sitzen bleiben, sodass weitere Landeplätze unseren kulinarischen Ausschweifungen geopfert werden müssen. Nach einem letzten Espresso machen wir uns daher auf den Rückweg, denn in der Schweiz wollen wir noch einige Landungen auf einem Gletscher absolvieren.

Wir haben den weitläufigen Glacier de Trient an der Grenze zwischen Frankreich und der Schweiz dafür vorgesehen. In gewohnter Manier überfliegen wir die Landeplätze und suchen uns die beste Stelle aus, denn die typischen Hufeisenförmigen Spuren anderer Gletscherflugzeuge verzieren bereits die schneeweiße Oberfläche. Wir wählen einen Platz in der Mitte, einen leichten, wie Hans mir sagt, und machen einen weiteren tiefen Überflug. »Merke dir, was du siehst,« meint Hans, der vor mir sitzt und macht in schneller Folge drei Touch-and-Go's nacheinander. Dann lehnt er sich zur Seite und sagt ohne Vorwarnung, »so und jetzt bist du dran!«

Gletscherflieger treffen sich auf dem Hüfigletscher im Kanton Uri in der Zentralschweiz.

Beim Gletscherflug ist es von Vorteil, mit zwei Flugzeugen unterwegs zu sein.

Ein kurzer Stopp mit einer 180 PS-Super Cub auf dem Glariden. Man genießt die Ruhe und das grandiose Panorama.

Der Altiport Courchevel. Im Winter wird die Landebahn vom Schnee geräumt, damit auch größere Flugzeuge die Skiregion anfliegen können. Die Landegebühren sind entsprechend.

Matterhorn voraus.

Anflug auf die Hochebene Plane Morte in 10.000 ft in den Berner Alpen.

Meine erste Gletscherlandung

Ein wenig zaghaft übernehme ich die Steuerung und versuche mein Glück. Ich sitze ziemlich tief, sodass die Sicht nach vorne doch etwas eingeschränkt ist. Die Super Cub fühlt sich sehr direkt an und gehorcht auf die kleinsten Steuereingaben. Eine Platzrunde in 8.000 ft fliege ich auch nicht jeden Tag und ich bin überrascht, wie wenig Motorleistung mir hier oben noch zur Verfügung steht. Zu kurz an die Bahn zu kommen wäre fatal. Ich habe mir vorher einen Felsvorsprung gemerkt, an welchem ich meinen Endanflug beginnen werde und Hans spricht mich zum Aufsetzpunkt hinunter. Ich komme ein klein wenig zu hoch an, doch so ein Gletscher ist ja groß meint Hans, lässt mich den Landepunkt verpassen und hilft mit wohl dosiertem Schleppgas nach, das Flugzeug doch noch sanft auf der Schneefläche abzufangen. Der Schnee bremst jedoch ungemein. Sofort muss ich Vollgas geben, um die Piper in den Spuren bis zum Umdrehpunkt am oberen Ende des Gletschers hinaufzuziehen.

Dass dabei der Knüppel voll gezogen bleiben muss, ist für mich etwas ungewohnt, ebenso die großen Pedalausschläge, die es braucht um die Richtung im Schnee sauber zu halten. 6 oder 7 weitere Landungen darf ich ausführen, und mit jedem Mal gelingen sie mir besser. Ebenso die richtige Dosierung der Leistung, um die Sinkrate des Flugzeugs beim Abfangen mit hohem Anstellwinkel zu verlangsamen. Man landet ja schließlich bergauf. Mein Adrenalinspiegel hat nun langsam seinen Höchststand erreicht und ich kann nachvollziehen, wie sich Hermann Geiger nach seiner ersten Gletscherlandung gefühlt haben muss. Überglücklich und um eine unglaubliche fliegerische Erfahrung reicher fliege ich die Super Cub zurück nach Saanen, wo wir die letzten Sonnenstrahlen des Tages hinter uns lassend in den tiefen Schatten des Tales abtauchen, mit der Genugtuung auf Hermann Geigers Spuren gelandet zu sein.

Frank Herzog/Hans Fuchs

Landung auf dem Triangletscher mit Mont Blanc-Massiv im Hintergrund.

Nach dem Aufsetzen geht's mit viel Leistung zum oberen Ende des Gletscherlandeplatzes. Was man hier verschenkt, fehlt später bei der Startstrecke.

Saint Roche Mayères, einer der schönsten Landeplätze in Frankreich.

Mountainflying

Oliver Barth und Frank Herzog entdecken das Bergfliegen

»Der Unterschied zwischen einem normalen Piloten und einem Gebirgspiloten ist wie jener zwischen einem Schaf und einer Gämse.« Dieser etwas provokante Satz stammt von dem berühmten französischen Gebirgsflugpionier Henri Giraud. Mit über 40.000 Flugstunden und ca. 100.000 Landungen in den Bergen wusste er sicher wovon er redet. Er gilt, selbst nach seinem Tod, als einer der ganz großen Helden der Berg- und Skifliegerei.

Angeregt durch zahlreiche Flüge über die Alpen und ausgestattet mit ausreichend »Flachland- Erfahrung« mit einem potenten Spornradflugzeug, hatte ich schon lange den Wunsch eine Ausbildung zur »Gämse« zu machen, um mir endlich auch die Landeplätze in den höheren Regionen zu erschließen. Die Mountain-Airfields legal anfliegen zu können, ist das eine, eine vernünftige, solide Ausbildung für diese anspruchsvolle Fliegerei ist das andere. Da es in Deutschland leider weder Bergflugplätze noch entsprechende Ausbildungsmöglichkeiten gibt, bleibt also nur das nahe Ausland. Nach längerer Suche, eine geeignete Flugschule zu finden, bin ich dann letztlich durch meinen Schweizer Freund Hans auf den Aéroclub de Megève in Frankreich aufmerksam geworden. Hier stimmen Preis und Leistung und auch im Nachhinein kann ich diese solide Ausbildung nur weiterempfehlen. Das Trainingsgebiet rund um das Mont Blanc Massiv ist ein ideales Terrain für die Bergfliegerei. Die Fluglehrer sind kompetent und sehr praxisorientiert. Das ist gut so. Theorie gibt's allerdings nur auf energisches Nachfragen, vielleicht ein kleiner Nachteil. Das Hauptgewicht der Ausbildung liegt hier zweifellos in der Praxis. Navigiert wird mit der Michelin Straßenkarte Nr. 333 Isere, Savoie, im Maßstab 1:150.000, nur mit Strich und Kurs in der Karte, natürlich ohne GPS.

Mit Spornraderfahrung zum Aéroclub de Megève

Da die Instruktoren alle ein einfaches Englisch sprechen, muss ich nicht auf mein betagtes Schulfranzösisch zurückgreifen. Geflogen wird fast ausschließlich auf den schuleigenen Mousquetaire D.140, eine sehr solide Spornradkonstruktion aus Holz mit 180 PS und Fixpropeller. Auch eine Piper PA-19 mit 90 PS steht kostengünstig zur Verfügung. Der Aéroclub de Megève bietet drei unterschiedliche Ausbildungen an:

Site Authorisation:

Dies ist eine Berechtigung nur für den jeweiligen Altiport. Diese wird nach zwei bis fünf Flugstunden mit Instruktor ins Flugbuch eingetragen und gilt für sechs Monate. Um sie zu erhalten, muss man eine Landung auf diesem Platz innerhalb dieser Zeit als verantwortlicher Pilot absolvieren.

Mountain-Pilots-Rating Wheel:

Ein 15- bis 20-stündiger Kurs für Piloten mit ausreichender Erfahrung (ca. 200 Stunden). Besucht werden alle anfliegbaren Asphalt (Altiports) und Graspisten (Altisurface) im Umkreis von ein bis zwei Flugstunden. Nach erfolgreicher Ausbildung wird man zur Prüfung zugelassen. Hat man diese bestanden, erhält man von der französischen Luftfahrtbehörde das Mountain-Rating gültig auf Lebenszeit bzw. solange die Flug-Lizenz gilt.

Mountain-Pilots-Rating-Skis:

Nach weiteren ungefähr zehn Stunden Ausbildung auf Skiflugzeugen und zahlreichen Landungen auf verschiedenen Gletschern mit unterschiedlichen Schneeverhältnissen erlangt man nach erfolgreichem Prüfungsflug die höchsten Weihen der Bergflieger: Die Gletscherflugberechtigung.

Es ist Samstagmorgen punkt 9.00 Uhr. Ich fahre mit meinem Freund Oliver und weiteren fünf Österreichern zum Altiport Megève. Der große Hangar ist offen, vier Flug-

Altiport Megève, der Ausgangspunkt für eine Bergflugausbildung.

Achtung! Kein normaler Flugplatz. Nur nach vorheriger Einweisung oder mit einem Mountainrating anzufliegen.

Für günstige Euros zu chartern, eine PA-19 vom Aeroclub Megève.

Von Ausbildungsleiter und Cheffluglehrer Jaques Bron kann ich noch sehr viel lernen.

zeuge stehen schon draußen, Öl und Treibstoff sind bereits gescheckt, sogar die Scheiben sind geputzt. Mein Vorurteil vom unpünktlichen und nachlässigen Franzosen muss ich schnell revidieren. Allerdings stelle ich mir die Frage: Sieben Flugschüler und zwei Lehrer, wie soll das gehen? Zwei Schüler teilen sich einen Lehrer, eine Gruppe vormittags, die anderen am Nachmittag.

Die ersten Flüge sind Platzrunden in Megève, zum Kennenlernen der Mousquetaire. Die große »Holzkiste« verlangt eine sensible Hand, ist aber dennoch recht problemlos zu handeln: Klappen auf 1. Stufe, Spritpumpe an, Rudercheck, Vollgas. Es geht los. Die grundsätzliche Landetechnik für Altiports ist eigentlich recht einfach: Zuerst wird ein »Aiming point« (Zielpunkt) und ein »Touch down point« (Aufsetzpunkt) festgelegt. Die Platzrunde ist ca. 300 ft über dem Pistenanfang (welcher auf Grund des Gefälles tiefer liegt). Der Endanflug erfolgt dann mit etwa 5°, also etwas steiler als sonst üblich. Der Grund für den steileren Anflug sind die Korrekturmöglichkeiten sowohl nach oben als auch nach unten.

Eine Anflug-Drehzahl von 1700 RPM kann man um 700 auf 2400 RPM erhöhen, falls man zu tief ist, oder um 700 RPM auf 1000 RPM verringern, falls man zu hoch ist. Eine Sinkrate von 500 ft wird uns empfohlen. Ab dem Point of Descent wird die Leistung auf 1700 RPM reduziert und volle Klappen gesetzt. Wichtig ist, dass man, wie bei normalen Landungen auch, mit der richtigen Höhe und Fahrt über die Schwelle kommt. Ein unsauber geflogener Anflug kann bei den kurzen Plätzen schnell schief gehen.

Megève zum Angewöhnen

Megève ist mit 600 m Länge und 6% bis 9% eher lang und flach und damit ideal für den Anfang. Nach der dritten Platzrunde macht es schon richtig Spaß. Dann geht es auch schon weiter zum Altiport nach Méribel. Wir steigen auf 8000 ft. Vincent, mein Fluglehrer, zeigt mir mit einer kurzen Handbewegung die Richtung. Ich tippe auf 180° und versuche mir ein paar markante Punkte für den Rückflug zu merken. Verdammt, das sieht hier alles gleich aus. Dazu kommen noch ca. 5/8 Wolken unter uns. Nicht einfach. Wir fliegen, wie bereits erwähnt nur nach der Michelin-Karte und der Uhr, wie einst sicher auch Henry Giraud. Vincent, der »Eingeborene« neben mir kennt hier jede Bergspitze und fast jede Krüppelkiefer, das beruhigt mich sehr. Weniger beruhigend ist die bevorstehende Landung. Wir umrunden den Platz mehrmals in sicherer Höhe und checken den Luftraum, schauen nach evtl. Hindernissen, nach der Bahnbeschaffenheit, den Wiederstartmöglichkeiten, checken den Wind und schätzen die Steigung. Vincent macht den Funk und ich setze zur Landung an.

Im Endteil merke ich, dass die Bahn verdammt schmal und flacher ist als ich dachte. Leichter Rückenwind. Ich habe mit dem Sinkflug etwas zu spät begonnen, sodass meine Geschwindigkeit zum Erreichen des Zielpunktes zu hoch ist. 125 km/h, das ist zu viel für den kurzen 400 m-Platz. Irgendwie muss ich die Speed jetzt abbauen.

Also Gas ganz raus, Nase kurz hoch, es funktioniert, sofort nachdrücken und mit etwas Power die 115 km/h stabilisieren. Es rumpelt und poltert, wir sind unten, jetzt fast wieder Vollgas, um zur Plattform zu kommen. Hier wird schon bei der ersten Platzrunde klar, dass nur 10 km/h zuviel oder ein nicht sauber geflogener Sinkflug sehr leicht zu einer langen Landung führt – was mangels Durchstartmöglichkeit niemals passieren darf. Das muss besser werden!

Courchevel mit 18% Steigung!

Die nächste Herausforderung liegt gleich nebenan: Courchevel. Dieser Altiport sieht verdammt gefährlich aus. Vor der Schwelle ein Abgrund, danach geht's steil bergauf. Er ist mit 535 m zwar nur unwesentlich länger als Méribel aber dafür mit 18% auch wesentlich steiler. Platzrunde in 7800 ft, drei Überflüge für die üblichen Checks, dann mit feuchten Händen in den Endanflug. Links neben mir bedrohlich nah ein hoher Bergrücken, vor mir eine Asphaltzunge, die ich treffen muss. Hier fliegt man mit 125 km/h etwas schneller an, da der Anstellwinkel beim Ausflaren extrem hoch ist. Vorsicht Sinkrate, man lässt zirka 1.500 RPM stehen und setzt nach dem unteren Flachstück in der Schrägen auf. Nach dem Aufsetzen müssen die 18% Steigung sofort mit Vollgas bis zur Parkfläche überwunden werden. Nach einigen Platzrunden gewöhnt man sich schnell an die Perspektive und sucht sich seine geografischen Anhaltspunkte für Abflug, Queranflug und Beginn des Endanflugs.

Nach 2:30 Uhr sind wir dann zurück in Megève – und ordentlich müde. Nachdem wir die Flüge eingetragen haben, machen wir uns auf den Weg zu unserer Unterkunft.

Gemeinsames Abendessen mit den Österreichern in unserer urigen Unterkunft.

Valloire, ein kurzer Ausbildungsplatz in einem sehr engen Tal, zirka eine Flugstunde südlich von Megeve.

Da in Megève im Frühsommer fast alle Restaurants geschlossen sind, bleibt nur die Selbstversorgung aus dem französischen Supermarkt. Beim Abendessen stellt sich dann zu meiner Beruhigung heraus, dass nicht nur ich, sondern wir alle doch ziemlich geschafft sind von den überwältigen Eindrücken des ersten Tages.

Am nächsten Morgen geht es dann wieder in zwei Gruppen zum Flugplatz. Wir werden auf die beiden Fluglehrer aufgeteilt. Ein Flug nach Corlier im Nordosten von Lyon steht an. Der Flug wird zunehmend bockig und wir lernen auch gleich die nächste Lektion, nämlich das der Wind in Corlier so stark und böig ist, dass eine Landung nicht ratsam erscheint. Den Rückflug nach Megève nutzen wir für diverse Seitenwindlandungen in Bellegarde und Sallanches. Der Rest der Truppe hat die Zeit genutzt, um einen französische Supermarkt auszuräumen. Den Abend verbringen wir dann in unserer Berghütte bei Baguette, Pâtée, Rotwein und was der Laden sonst noch hergab!

Übung macht den Meister

Am dritten Tag stehen dann endlich die Altisurfaces auf dem Programm. In der unmittelbaren Umgebung von Megève gibt es drei ideale Landeplätze, nämlich Saint Roch Mayères, Valloire und St. Jean d'Arves.

Oliver und ich fliegen mit unserem Fluglehrer Vincent zuerst nach Valloire. Dieser Platz liegt in einem hochgelegenem und sehr engen Tal auf ca. 6.000 ft Höhe. Bei den Altisurface gilt es zunächst etwa 500 ft über dem Platz festzustellen, wie die Hindernis-Situation aussieht und ob eine Landung sowie ein Wiederstart überhaupt möglich sind. Ist das geklärt, überfliegt man den Platz entgegen der Landerichtung noch einmal in etwa 2 m Höhe um die Bahnbeschaffenheit zu überprüfen. Gleichzeitig merkt man sich die angezeigte Höhe, auf die man für die Platzrunde 300 ft aufschlägt. Mit 270 m ist Valloire ziemlich kurz und es gilt sehr exakt anzufliegen. Jetzt macht sich bezahlt, dass wir schon etwas Erfahrung auf der D.140 Mousquetaire sammeln konnten. Nach den ersten Platzrunden klappt es dann auch schon ganz ordentlich – allerdings bei völlig ruhigem Wetter und leichtem Gegenwind! Nachdem ich mit Oliver

Wo ist der Bolzen? Das Spornrad hat sich verabschiedet.

den Platz getauscht habe und auch er seine vier Platzrunden in Valloire geflogen hat, geht es weiter nach St. Jean d'Arve. Beim ersten Überflug des Platzes bin ich froh, dass Oliver fliegt. Auch wenn ich schon Fotos des Platzes gesehen habe, so ist jetzt alles für mich eine grüne Almwiese. Weder den Pistenanfang noch das Ende ist zu erkennen. Unser Fluglehrer Vincent erklärt dann wie der Platz anzufliegen ist, wo der »Aiming Point« liegt und wo aufgesetzt wird.

Und schon sind wir nach einer kurzen Platzrunde im Endteil. Langsam erkenne ich, wo die Piste liegt. Der Untergrund der »Almwiese« ist teilweise noch sehr feucht und deshalb muss Oliver nach dem Aufsetzen sehr schnell und viel Gas geben, um auch das obere Ende der Piste zu erreichen. Nachdem ich dann bei ein paar Runden zugeschaut habe, bin ich an der Reihe. Durch die Erfahrung des Zuschauens habe ich natürlich bei meiner ersten Landung einen Vorteil. So habe ich mir den »Point of Descent« genau gemerkt und die Platzrunde eingeprägt. Bei der zweiten Landung allerdings passiert es dann: Einen Mordsschlag am Seitenruder direkt nach dem Aufsetzen. Am Ende der Piste kommen wir zum Stehen, stellen den Motor ab und sehen die Bescherung. Wir haben das Spornrad verloren! Und das auf einer Almwiese mitten im Nichts!

Zum Glück sind wir nicht alleine, denn eine zweite Maschine ist in unserer Nähe. Wir rufen über Funk Chefnuglehrer Jacques, der dann auch den Schaden begutachtet und schnell entscheidet: »Spornrad ganz abzubauen und auf der Spornrad-Feder zurück nach Megève fliegen«. Gesagt getan, Oliver steigt in die zweite Maschine, Vincent und ich fliegen ohne Spornrad zurück nach Megève. Bei der Landung versuchten wir, den Sporn so spät wie möglich aufzusetzen um größeren Schaden zu vermeiden. Es hat funktioniert. Damit war der Tag zwar etwas früher zu Ende aber immerhin haben wir die ersten Altisurfaces-Erfahrungen gemacht.

Technische Probleme zwingen zur Improvisation

Am nächsten Morgen geht es Richtung Gap. Zunächst zum Altiport Alp d'Huez, wo Oliver und ich je zwei Landungen machen. Dann fliegen wir weiter nach Montmeilleur, einer privaten Wiese direkt neben einem Schloss im Besitz eines sehr netten Österreichers. Von hier aus wollen wir dann die in der Umgebung liegenden

Altisurface erkunden – soweit der Plan! Zunächst fliege ich mit Vincent zum benachbarten Le Verdures und Mens und mache dort jeweils ein paar Landungen. Dann kehren wir nach Montmeilleur zurück, um einen Pilotenwechsel vorzunehmen. Nach der Landung treffen wir die andere Crew, die etwas ratlos um ihr Flugzeug steht. Ihre Maschine verliert Benzin und zwar eine Menge! Jetzt wird uns auch klar, dass der schon länger bemerkte Benzingeruch in dieser Maschine einen tieferen Grund hatte: nämlich einen undichten Tank! Zum Glück eilt der Schlossherr herbei und hilft uns mit Schlauch und Kanister den Sprit aus dem undichten Tank zu pumpen. Da die Mousquetaire zwei Tanks hat, kann die andere Crew ihr Training dennoch fortsetzen. Auch wir fliegen weiter, jetzt nach L'Escoulin. Dort mache ich zwei Platzrunden und dann ist Oliver wieder an der Reihe. Aber dazu soll es nicht kommen! Das Telefon unseres Fluglehrers klingelt und auch ohne französische Sprachkenntnisse wird uns schnell klar, dass irgendetwas nicht nach Plan läuft. Offensichtlich ist die andere Crew in Le Verdures mit einem Motorenproblem notgelandet. Wir brechen unsere Übungen ab und fliegen dorthin. Nach unserer abenteuerlichen Landung erklärt man uns: »Der Motor dreht konstant nur 1800 RPM, unabhängig von der Gashebelstellung. Das hört sich nach einem gebrochenen Gaszug an.« Aber zuerst müssen wir die Maschine bergauf an das Pistenende schieben, da sie mangels Motorkraft nicht bis an das Ende gekommen war. Also schieben wir die Jumbo Jodel 100 m den Berg hinauf – und das bei gefühlten 40°! Dann durchstöbern wir den nahegelegenen Hangar des Strips nach Werkzeug. Leider Fehlanzeige. Also versuchen wir mit meinem »Leatherman« die Cowling abzubauen. Damit wollten sich jedoch die beiden Imbusschrauben nicht öffnen lassen! Aber getreu dem Motto »wer aufgibt hat verloren« schaffen wir es dann doch. Und tatsächlich fehlt ein Bolzen, der den Gaszug mit der Drosselklappe am Vergaser verbindet. Mit mehr Glück als Verstand finden wir nicht nur einen alten Bolzen in einer Schrottkiste, sondern auch noch den passenden Splint. Das Montieren der Cowling ist danach das kleinste Problem. Natürlich sind wir jetzt endgültig zu spät und deshalb fliegen alle zurück nach Megève. Am Nachmittag stehen für Oliver und mich mit Chefluglehrer Jacques Bruno einer der schönsten Altisurface der Alpen, St. Roch Mayères, auf dem Programm. Ein Grasplatz mit 330 m Länge, ca.10% Steigung und einer urigen Hütte.

Am Abend folgt dann der feucht-fröhliche Ausklang des Tages mit noch mehr Käse, Baguette und Wein. Hier schildert Stefan, unser österreichischer Kollege, noch einmal ausführlich, wie er die verbliebene Motorleistung durch Ein- und Ausschalten der Magnete geregelt hat und sich so mit viel Glück nach Le Verdure gemogelt hat.

Der Altisurface St. Roch Mayères ist an schönen Tagen sehr gut besucht. Im Hintergrund das Mont Blanc-Massiv.

Die Hydraulik-Skier erlauben mit den großen 850er-Reifen das Landen auf nahezu allen Untergründen.

308 m Bahnlänge und 22% Steigung sind eine echte Herausforderung

Für den nächsten Tag ist als Abschluss der Ausbildung ein gemeinsames Picknick in Chamois geplant. Chamois, das ist ein Altisurface erster Güte in Italien, südlich des Matterhorns. Wir fliegen in Formation mit vier Flugzeugen am majestätischen Mont Blanc-Massiv vorbei, umrunden das Matterhorn und gleiten im Tiefflug durch eine enge Schlucht über einen anschließenden Stausee. Links vor uns liegt das verträumte Mini-Dorf Chamois, daneben erhebt sich der Landestrip über einer Steilwand. Dieser Strip ist sehr kurz (308 m) und sehr steil (22%). Hier trainiert ein Teil der Gruppe mit den drei Fluglehrern Anflüge mit Landungen, während die anderen das Picknick vorbereiten. Mit einem Spaziergang in das Dorf Chamois, welches nur per Flugzeug oder per Seilbahn erreicht werden kann, lassen wir es ausklingen. Der Rückflug ist fast schon Routine.

Am nächsten Morgen stehen dann notwendigerweise die Prüfungen an. Etwas nervös, mit wenig Schlaf in der vergangenen Nacht und mit dem ständigen Blick auf das schlechter werdende Wetter fliege ich nach Valloire und St. Roch Mayères. Die Wolken unter mir verhindern eine eindeutige terrestrische Navigation. Meinen Prüfer Bruno kann ich ja schlecht fragen. Ich werde zunehmend nervöser. Unter mir erkenne ich undeutlich eine Autobahn, ein Fluss und ein großes Kieswerk, das muss St. Michel de Maurienne sein. Ich fliege nach Süden in das mittlere Tal. Ich habe die richtige Entscheidung getroffen, rechts vor mir ragt ein riesiger Felsvorsprung in meinen Flugweg und am Talende kommt der Platz in Sicht. Welche Erlösung, jetzt kann eigentlich nichts mehr schief gehen! Nach drei Landungen hier, drei Landungen in St. Roch Mayères und einer butterweichen Abschlusslandung in Megève geht's nach einer Stunde und 40 Minuten endlich ans Feiern. Mein Prüfer war zufrieden und ich habe viel dazu gelernt, vor allem (wieder) das präzise Fliegen. Und auch unsere österreichischen Freunde haben den Kurs alle erfolgreich absolviert. Schade, dass diese Woche so schnell zu Ende ging.

Was bleibt sind die Eindrücke einer Woche »Fliegen pur« vor einer atemberaubenden Kulisse, bei der höchste Konzentration und Präzision gefordert werden – verbunden mit französischem Lebensstil was Verpflegung und manchmal auch Organisation angeht. Wer sich fliegerisch weiterbilden möchte und das in einer wunderschönen Landschaft, dem kann ich diesen Kurs beim Aéroclub Megève nur wärmstens empfehlen. Wer nicht gleich das Rating MOU erwerben möchte, der kann auch nur einen Schnupperflug machen oder die Autorisation de Site erwerben – oder einmal mit einem Skiflugzeug und Fluglehrer auf einem Gletscher landen – aber das ist eine andere Geschichte.

Frank Herzog/Oliver Barth

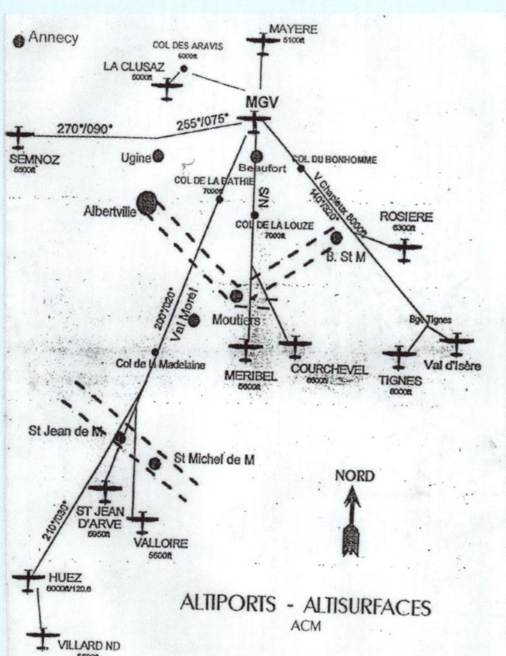

Unten: Ein kleines Kärtchen hilft bei der Navigation. Die Ausbildungsplätze rund um die Megève muss man ohne GPS finden.

Rechts: Mein Freund Hans Fuchs sorgt immer für die notwendige Reichweite.

Auch im heimischen Gefilden lässt sich die erworbene Erfahrung anwenden.

Zum Abschluss der Ausbildung organisiert die Flugschule ein zünftiges Picknick auf dem Altisurface Chamois in Italien.

Landung in Nina's Valley in 5.000 ft während eines Tagesausflugs in hochalpinem Gebiet im Wrangle Saint Elias Nationalpark in Alaska.

Die hohe Kunst: Buschfliegen

Dass Buschfliegen für viele Piloten die hohe Kunst des Fliegens bedeutet, ist wohl unbestritten. Es stellt sehr hohe Anforderungen an Mensch und Maschine - an die eigene Technik, wie Starten, Landen, den Flug über unberührte Natur, durch enge Schluchten und Täler, über Seen und hohe Berge, nach dem Piper-Cub-Motto »Low and Slow«. Voraussetzungen dafür sind eine absolute Passion für das Fliegen mit kleinen Flugzeugen, genügend Flugerfahrung, hohes Selbstvertrauen und ein gutes Einschätzungsvermögen der Situation.

Auch zwei rechte Hände, Improvisationstalent, technische Kenntnisse und das nötigste Werkzeug sind manchmal notwendig, um vom Outback wider in zivilisiertes Gebiet zu kommen. Für diese Art des Fliegens sind bis heute noch unzählige Piper Cubs rund um den Globus im täglichen Einsatz. Viele Profis nutzen die Piper Cub auch als Arbeitsgerät, um in entlegene Gebiete zu gelangen um die dort lebenden Menschen mit dem Nötigsten zu versorgen. Die sowohl einfache als auch geniale Konstruktion ist verantwortlich für die enorme Zuverlässigkeit und Langlebigkeit der Cub. Ebenso tragen die gutmütigen Flugeigenschaften dazu bei, ein sicheres Fliegen, abseits befestigter Pisten, zu gewährleisten.

Wir wollen aber keine Tipps für das »Back-Country-Flying« in Kanada, Alaska, oder Afrika geben, sondern nur auf das Potenzial des sympathischen Taildraggers hinweisen. Loni Habersetzer, vielen engagierten Spornradpiloten von seinen spektakulären Videos her bekannt, (Long Props - Big Rocks) ist einer der Profis, die ihr Metier perfekt beherrschen. Mit 13 Jahren hat ihm sein Vater, ebenfalls ein erfolgreicher Cub-Pilot, das Fliegen beigebracht und seinen ersten Soloflug absolvieren lassen. Er träumte schon als kleiner Junge davon, Buschpilot zu werden - wie sein Vater. Sein Weg war vorbestimmt.

N5139H
5Y-PET

Zwei Super Cubs und eine PA-14 parken in den Sanddünen von Namibia an der Skeleton Coast in Afrika.

5Y-PET

»Wasserski« auf dem Lake Malawi in Afrika.

Loni Habersetzer mit seiner »749er« Super Cub während Filmaufnahmen für seinen Cubdriver-Film: No Second Chances, im westlichen Alaska in der Nähe des Telaquana-Passes in 7.000 ft.

Lonis Super Cub parkt am unteren Tebay Lake im Wrangle Saint Elias Nationalpark in Alaska.

1977 baut er zusammen mit seinem Vater seine eigene Super Cub auf. Sie wurde selbstverständlich speziell für das Buschfiegen hergerichtet. Das heißt: den Rumpf konsequent erleichtern, alles entfernen, was nicht unbedingt notwendig ist – inklusive mancher Elektrik –, an vielen Stellen Dinge verbessern. Es wird ein verstärktes, verlängertes Fahrwerk mit einstellbaren Dämpfern von AOSS verbaut. Obligatorisch sind die großen Tundra-Reifen der Firma Alascan Bush Wheels. Dazu gehören »Safety-Cables« von F. Atlee Dodge fürs Fahrwerk und ein größerer Propeller. Auch wurde der Motorträger unten um wenige Grad angehoben, eine sogenannte Thrust-Line-Modifikation, für besseres Steigen.

In unseren Breiten machen solche Extrem-Umbauten jedoch wenig Sinn. Leider gibt es hier keine Möglichkeiten in abgelegenen Flussbetten, auf einsamen Sandbänken, oder gar auf ehemaligen, ungenutzten Truppenübungsplätzen zu landen. Was Sinn macht, ist allerdings, seine eigenen fliegerischen Fähigkeiten mit einer solchen Super Cub legal zu trainieren. Beispielsweise mit einem Bergfliegerkurs bei unseren Nachbarn in den Schweizer- oder in den Französischen Alpen (s. voriges Kapitel). In Megève gibt es eine PA-19 zu einem günstigen Charterpreis, im Schweizerischen Beromünster und Mollis werden einige 180 PS-Cubs zur Schulung eingesetzt.

Man lernt hier das Fluggerät in nahezu allen Fluglagen zu beherrschen, extrem kurze Anflüge zu üben, exakt auf einem vorbestimmten Punkt aufzusetzen, auf steil ansteigenden Bergplätzen zu landen und von dort auch wieder sicher zu starten. Eine solche Ausbildung, unter Anleitung von erfahrenen Profis, ist nicht nur passionierten Spornradfliegern empfohlen. Es erweitert den fliegerischen Horizont, macht enorm viel Spaß, stärkt das Selbstvertrauen und die Fähigkeit schnell und richtig zu entscheiden. Ein solches Mountain-Rating ist somit die ideale Vorbereitung für einen Kurs bei Loni Habersetzer, Don Lee oder einem der vielen Buschflieger-Gurus, um sich in Alaska oder im afrikanischen Busch die Grenzbereiche von Mensch und Maschine zu erfliegen.

Die größte Herausforderung bei dieser Art des Fliegens ist es, zu lernen und zu entscheiden, wo kann man mit seinem Flugzeug sicher fliegen und landen und wo nicht. Fehler rächen sich hier meist ungleich schwerer als im normalen Flugbetrieb. Loni gibt übers Jahr verteilt zwölf Kurse, gut die Hälfte in Alaska, der Rest findet in den Wintermonaten meistens in Afrika statt. Normalerweise reichen drei Tage, abhängig von den Fähigkeiten des jeweiligen Schülers, um auf den Geschmack zu kommen. Die eigene, entsprechend präparierte Cub muss man mitbringen (oder eine mieten), ebenso 1000 Dollar pro Trainingstag. Was steht dem Abenteuer dann also noch im Wege?

Start zu einem Gästeflug am unteren Chitina River, nahe der Grenze zum Yukon im Wrangle Saint Elias Nationalpark in Alaska.

Ultima Thule Outfitters
N82749
N82749

Cub in 6.000 ft auf einem Bergrücken nördlich des Chitina River Valleys.

Loni zieht seinen besten Freund Joe auf einem Wakeboard auf dem Indischen Ozean in Afrika.

5Y-PET
Super Cub

»Wasserskifahren« auf einen unbekannten Nebenfluss vom Lake Malawi in Afrika.

Die Super Cub parkt auf einem Bergrücken in 6.000 ft, mit einem herrlichen Überblick auf zahlreiche unbenannte Gletscher des Wrangle Saint Elias Nationalparks in Alaska.

Wasserflugausbildung auf der Mosel.

Wasser als Landebahn

Die Luftfahrtgeschichte beschreibt, dass bereits kurz nach den ersten Motorflügen der Gebrüder Wright, in Frankreich und Brasilien Startversuche mit Flugzeugen auf dem Wasser durchgeführt wurden. Es gibt Landstriche auf dieser Welt, auf denen kein befestigter Flugplatz denkbar ist. Daran haben auch die waghalsigen Flugzeugkonstrukteure aus den Anfangsjahren der Fliegerei gedacht, die auf den ebenen Wasseroberflächen die idealen Startbahnen für ihre abenteuerlichen Kisten sahen.

In den 30er-Jahren setzte Piper seine J3C schon auf Schwimmer

Warum sollte also über 30 Jahre danach nicht auch ein Flugzeug wie eine Piper auf Schwimmer, bzw. Floats gestellt werden? Über dem großen Teich gab es mittlerweile einige Hersteller, die sich mit Schwimmern für Landflugzeuge beschäftigten. Selbstverständlich nahm man sich auch bei Taylor und später bei Piper der Sache an. Mal aus Holz, mal aus Aluminium und auch mal mit weniger Erfolg wie im ersten Kapitel beschrieben, aus Gummi. Neben den starr angebauten Schwimmern, die sich schon sehr früh auf den zahllosen Seen in Kanada und der USA speziell für die leichten Cubs bewährten, entwickelte man in jüngerer Zeit auch amphibische Floats. Das sind aufwändig konstruierte Schwimmer mit Rädern, welche mittels einer Hydraulikpumpe aus- und eingefahren werden können. Diese eignen sich natürlich, wegen des höheren Gewichts, in erster Linie für die gut motorisier-

Start auf dem Vierwaldstätter See in der Schweiz.

ten Super Cubs. Lieferant war die bereits 1926 gegründete Edo Aircraft Corporation. Sie wurde 2011 an die ITT Corporation verkauft, welche die Produktion inzwischen leider eingestellt hat. Edo-Floats sind aber immer noch weit verbreitete Schwimmersysteme. Ihre Leichtmetallbauweise zeichnet sich besonders durch ihre Robustheit aus.

Auch wenn es nicht ganz leicht ist, günstige, gebrauchte Schwimmer zu ergattern, gibt es doch inzwischen auch einige Fertigungs- und Reparaturbetriebe, die sich nur mit der Herstellung neuer Schwimmer beschäftigen. Für eine J3C gibt es von Aqua Floats ab 17.170 Dollar einen Satz Schwimmer (FAA zugelassen). Und nach wie vor produziert die Wipaire Corporation in St. Paul/Minnesota, einst von einem deutschen Auswanderer aus Ulm gegründet, diverse Floats auch für moderne Typen wie die Husky und diverse Cessnas. Bei einer PA-18 Super Cub muss man ca. 30.000 Dollar für eine reine Schwimmerversion oder ca. 50.000 Dollar für die amphibische Version investieren.

In Priest River/Idaho, an der amerikanisch-kanadischen Grenze hat sich die Aerocet Composite Aircraft auf GFK-Floats spezialisiert. Diese Firma nahm sich von Anfang an des moderneren Werkstoffs an, weil man damit das Dichtigkeitsproblem umgeht und mitunter sogar noch Gewicht sparen kann.

Die J3C ist in USA noch immer ein beliebtes Float-Plane, besonders zur Schulung.

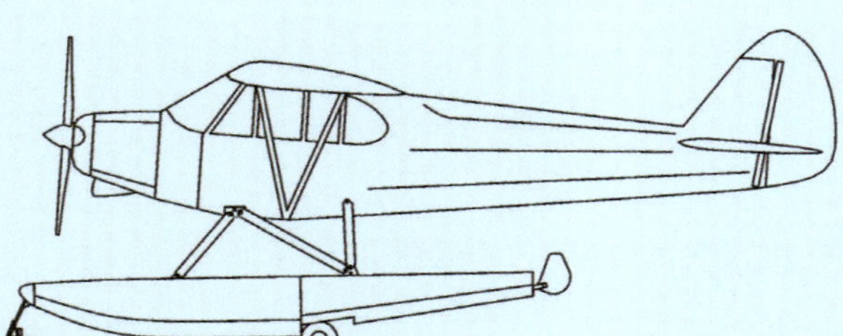

Wipaire ist einer der wenigen Hersteller, welcher noch zertifizierte neue Floats für die verschiedensten Flugzeuge herstellt, sowohl als so genannte Strait-Floats, oder auch als amphibische Schwimmer.

Leistungsvergleich einer Piper PA-18 Super Cub mit montierten Floats auf Land und auf See	
Motor Lycoming 0-320	118 kW/160 PS
Schwimmer-Leermasse	80 kg/176 lbs
Maximale Abflugmasse	2000 lbs/907 kg
Reisegeschwindigkeit	158 km/h; 85 KIAS
Startstrecke (Land)	227 m
Startrollstrecke über 15 m Hindernis	454 m
Startstrecke (Wasser)	358 m
Startstrecke über 15 m Hindernis (Wasser)	596 m
Steigrate	230m/min bzw. 756 ft/min
Landestrecke (Land)	153 m
Landestrecke (Wasser)	212 m

Wasserfliegen ist ein Spaß der Extraklasse

Wasserfliegen ist eine andere Art zu fliegen. Man kann auf einem großen See in direkter Gegenwindrichtung starten oder landen, was bei Flüssen wegen möglicher Windungen nicht immer möglich ist. Doch wer will sich nicht auch mal von der Faszination berauschen lassen, wie ein Schwan beim Start dem Wasser zu entgleiten und mit spritzender Gischt aufzusetzen? Für einen Piloten, aber auch für seine Fluggäste, ist es eine Erweiterung der fliegerischen Betätigung und ein besonderes Flugerlebnis. Es kann zur Passion werden, wenn sich Routine mit dem Abenteuer auf dem Wasser verbinden lässt. Dazu zählen Flüge besonders in den skandinavischen Ländern, aber auch auf anderen Kontinenten wie Süd- und Nordamerika, Kanada, Südostasien und Australien – Länder und Regionen, in den das Wasserflugzeug nicht selten das einzige Verkehrsmittel in entlegene Winkel ist.

Auch Italien hat sich mit seinem größten und traditionsreichsten Wasserflug-Zentrum in Como einen Namen gemacht. Mitten zwischen hohen Gebirgszügen kann die Wasserfliegerei nahezu ohne Einschränkungen betrieben werden. Ein uralter Hangar, erbaut im Jahr 1913, steht mitten in der Stadt und beherbergt einige Pipers, Cessnas, sowie eine Maule und eine Beaver. Kein Einwohner oder Villenbesitzer stört sich an den dort fast Tag für Tag startenden kleinen Einmots. Die Wasserflieger gehören einfach zum Comer See, wie bei uns die Schiffe auf dem Rhein oder im Hamburger Hafen.

Eine Super Cub vom Aeroclub Como (Italien).

Die Mosel als Ausbildungsrevier

Aber wir sind nicht in Como oder auf einem der vielen tausend Seen in Finnland, wo mehr deutsche Wasserflugzeuge operieren als es deutschen Länderbehörden vielleicht lieb ist. Wasserfliegen in Deutschland ist nämlich Ländersache! Dass manche Regierungspräsidien oder Luftämter damit kein Problem haben, beweisen etwa Brandenburg, Rheinland Pfalz und das Saarland, oder die Einzel-Stützpunkte in Schleswig-Holstein und Bayern. Besonders intensiv hat sich Norbert Klippel, von Drive and Fly aus Trier, der Sache angenommen. 2001 erhielt er eine erste offizielle Start- und Landegenehmigung für ein Teilstück der Mosel, die ja durchaus von der Schifffahrt stark frequentiert wird. Nach längerer Erprobung ohne Zwischenfälle kamen zehn weitere Teilstücke hinzu, ebenso drei Landemöglichkeiten auf der Saar. Das Fliegen auf einem Fluss ist recht anspruchsvoll, denn Schleifen, Windungen, Strömung, unmarkierte Hochspannungsleitungen und manchmal gefährliche Seitenwinde, erfordern höchste Konzentration und eine ganze Portion zusätzlicher Kenntnisse.

Die Saison geht inzwischen bei Drive and Fly von Mai bis Oktober. Dutzende Wasser-Piloten haben ihr Rating auf der Mosel mit Norbert Klippel und seiner Piper PA-18-150 Super Cub gemacht, welche er schon vor Jahren als Gebrauchtflugzeug aus Finnland erstand. Geschult wird nach freier Vereinbarung, dazu gehört auch eine gründliche theoretische Einweisung. Nicht zu vergessen das Spleißen und Knoten, denn wie schnell könnte sich ein unsachgemäßes verknotetes Seil nach dem Festmachen an Land lösen und den soeben vertäuten Vogel durch Strömung oder Wind wieder auf das offene Wasser treiben lassen!

Norbert Klippel mit seiner Super Cub am Ausbildungssteg an der Mosel.

Take Off, die Ausbildung beginnt.

Demo-Termin bei Norbert Klippel

Zwischen Bernkastel-Kues und Trier liegt an einer Rampe seine Piper PA-18 Super Cub. Der Moselaner meint, dass ein Bootsführerschein durchaus von Vorteil sein kann, es sei aber kein Muss. Es ist von Bundesland zu Bundesland verschieden. Ein Binnenschifffahrts- oder Sportbootführerschein ist jedenfalls allemal von Nutzen. Allerdings sollte man mindestens 100 Stunden Flugerfahrung mitbringen. Das sind 100 Flugstunden weniger als für Gletscherfliegerei! Bei der Ausbildung mit Prüfung, mit mindestens 20 Wasserungen und fünf Flugstunden und um die 1.500 Euro kommt man gut zur begehrten Scheinerweiterung.

Nichts lässt der Pfälzer aus den Augen, bevor er die kleine Piper an der Rampe langsam zu Wasser lässt. Schon auf der Fahrt vom Flugplatz Föhren, seiner Schulungsbasis zum Anlegeplatz hat er die von ihm an verschiedenen Stellen platzierten Windsäcke nach Stärke und Richtung begutachtet, nachdem er zuerst das Gesamtwetter eingeholt hat. Um auf Nummer sicher zu gehen, ist die eigene Einschätzung vor Ort und die Beobachtung des Schiffverkehrs eine wichtige Kontrolle. Mit an Bord ist auch ein Schiffsfunkgerät. Vor dem Ablegen informiert er den Schiffverkehr, für den zu nutzenden Mosel-Streckenabschnitt. Von den Schleusen erhält er dann die endgültige Freigabe, damit nicht unversehens beim Start aus einer Kurve ein Ausflugsdampfer auftaucht. In der Startposition die Wasserruder einziehen, die Klappen auf 10° setzen und den Gashebel nach vorne schieben. 300 bis 500 m Startstrecke braucht der Vogel trotz der leichten »Strait-Floats« schon zu zweit. Mehr gibt der 150 PS-Lycoming nicht her. Das Höhenruder sollte leicht gedrückt sein, wie beim Start mit einem Taildragger üblich, damit wird der Widerstand reduziert und Fahrt aufgeholt. Kommt das Maschinchen aber dann erst einmal auf Stufe, wird der Knüppel leicht gezogen. Noch im Bodeneffekt (besser Wassereffekt) nimmt die Cub Fahrt auf. Die Geschwindigkeit steigt, bis zum eigentlichen Abheben. Die Klappen bleiben im Steigflug immer noch auf Startstellung gesetzt. Man kann dann mit ca. 60 kts und 700 ft/min steigen.

Auf Mosel und Saar gibt es inzwischen mehr als 13 genehmigte Wasserlandeplätze. Allerdings nur für Ausbildungszwecke.

Rüdiger Hahn mit seiner Super Cub. Eine der wenigen D-registrierten Cub's mit amphibischen Floats. Er nutzt sie für ausgedehnte Tripps nach Polen, Dänemark und in die Schweiz. Im Winter stellt er die Cub auf Ski.

Eine Piper ist kein Schwan!

Auch Wassern (landen) mit Schwimmern will geübt sein. Doch eine Piper ist kein Schwan! Klappen jetzt auf 30 Grad setzen, trimmen, Gas zurücknehmen und möglichst in Verlängerung des Streckenabschnitts wieder landen. Die Vergaservorwärmung wird speziell bei der Piper nicht betätigt, da sonst im ungünstigsten Fall Spritzwasser angesaugt werden könnte. Vorsichtig an die Wasseroberfläche heran schweben, die Sinkrate verlangsamen, und die Nase etwas über den Horizont nehmen. Die Mindestgeschwindigkeit von 45 kt sollte wegen der Floats keinesfalls unterschritten werden. Ein leiser Platscher und die Schwimmer der Piper lassen das Wasser nach allen Seiten wegspritzen und einen langen Gischt-Teppich entstehen. Nimmt man das Gas jetzt auf Leerlaufdrehzahl zurück, werden die Floats zum Verdränger und man spürt sofort eine deutliche Verzögerung. 100 m Landeweg reichen da aus. Aber jetzt werden erst einmal Touch and Go's geübt. Gas also sofort wieder rein, aber nicht ohne den Schiffsverkehr genauestens im Blick zu haben. Die ersten Starts lassen die Hände schwitzen. Hier auf der Mosel muss man wegen der vielen Windungen auch mal mit Seitenwinden rechnen. Aber das kennt ja jeder vom eigenen Flugplatz. Die kleinen Hilfsruder an den Schwimmern erleichtern zwar das Manövrieren auf dem Wasser bei geringer Fahrt, doch für den Start- und Landevorgang müssen sie eingezogen bleiben! Zwei bis drei Tage dauert so eine Ausbildung. Zur Erhaltung der Berechtigung benötigt man alle zwei Jahre einen einstündigen Überprüfungsflug mit zwölf Starts und Landungen.

Wasserflieger-Verbände helfen bei Ausbildung und arrangieren Events

Noch mehr erfährt man über die nationalen Wasserflug- Verbände. Günter Kretschmar, Vorsitzender des Deutschen Wasserflieger Verbandes e.V. kümmert sich bundesweit um Ausbildungen und Genehmigungen. Sein Verband, der ein Experimental-Amphibium vom Typ Sea Rey fliegt und damit schult, fliegt mal von Welzow, mal auf der Donau, oder auch bei Flensburg, oder auf Mosel und Saar in Kooperation mit Vereinsmitglied Klippel.

Eines von sechs Wasserflugtreffen findet jährlich mit internationaler Beteiligung in Hergiswil/Schweiz vor dem Pilatus Hotel statt. Eine traumhafte Kulisse.

Selbst am Zürichsee (Wangen-Lachen) wird eine private Super Cub geflogen.

Amphibs sind sehr praktisch.

Ein Eldorado für Wasserflieger ist der europäische Norden.

Cub bei der Landung auf dem Genfer See.

Seine Mitglieder sind auch bemüht, die Karte um einige weitere Standorte für das Wasserfliegen zu erweitern. Dazu kommen Wasserflieger-Treffen in ganz Europa, wie die Scalaria am Wolfgangsee in Österreich oder die Traditionstreffen in der Schweiz auf dem Genfer See, dem Vierwaldstätter See und Brienzer See. Die einzelnen Verbände kümmern sich auch darum, behördliche Hürden leichter zu überwinden. Die kleine Schar der Wasserflugenthusiasten hat inzwischen über 150 Mitglieder, und deren Zahl wächst zwar langsam aber stetig weiter.

Doch nicht immer sind Behörden und Zulassungsstellen für das Dilemma, was in der Breite in Deutschland herrscht, zuständig, häufig ist es auch das mangelnde Interesse oder fehlende Bereitschaft, nur einen Antrag zu stellen. Ganz anders sieht es da in der Schweiz und Österreich aus, auch wenn man heute nicht mit der Zeit vor dem Zweiten Weltkrieg vergleichen darf, als man noch auf fast jedem See oder Fluss starten oder landen durfte. Und dann wäre da noch Finnland, das Land der über tausend Seen! Ohne Wasserflugzeuge wären sowohl hier, wie auch in Kanada viele Verbindungen zu einsamen Siedlungen, Lodges oder Camps kaum möglich, da diese nur übers Wasser erreichbar sind.

In unseren Breiten hingegen bleibt das Wasserfliegen ein sehr spaßiges wenn auch leider teureres Hobby.

Diese Landung klappt hoffentlich auch ohne Floats.

Cub im Tiefstflug über den Weinreben.

Extrem-Tiefflug über Weinreben

Frank Herzog unterwegs mit den Tieffliegern am Neusiedler See

»Sie umkurven alleine stehende Bäume und tauchen unter Stromleitungen hindurch: Die Agrarpiloten am Neusiedler See müssen das fliegerische Handwerk meisterhaft beherrschen. Mit ihren radikal abgemagerten Piper Cubs vertreiben sie von August bis Oktober Starenschwärme aus den Weingärten. Alles grau in grau heute Morgen, etwas Regen fällt aus den tief hängenden Wolken über dem Neusiedler See. Auch die Vögel gehen heute lieber zu Fuß, sagt man bei solchem Wetter gerne. Die Wolkenuntergrenze allerdings ist niemals ein limitierender Faktor für die Piloten der Land- und Forstflug GmbH im österreichischen Leopoldsdorf. Tiefflug steht heute auf dem Tagesplan. Wie tief Tiefflug sein kann, wird sich heute wieder zeigen. So wie nahezu jeden Tag zwischen Mitte August und Mitte Oktober, wenn sich durchreisende Starenschwärme über die prallen Weintrauben hermachen wollen und die Leopoldsdorfer Agrarpiloten mit ihren Piper Cubs sie davon abzuhalten versuchen. Alleine Nebel kann das Fliegen verhindern, bei den Cubs ebenso wie bei den Vögeln. Wir stehen in Illmitz, auf einem der neun Außenlandefelder der Weingartenpiloten, einer Wiese von vielleicht 250 m Länge.

Den Cubs muss das genügen. Ähnliches gilt für die Piloten, die sich mit ihrer Infrastruktur zufriedengeben müssen, die hier aus einer kleinen Holzhütte, einem etwas gammeligen Wohnwagen und einem Tankwagen besteht. Kein Strom, kein Wasser, keine Toilette. Weingärtenfliegen, das hat auch immer etwas von Rustikal-Urlaub in der Natur. Seit Beginn der 60er-Jahre setzt man hier im Seewinkelgebiet zwischen Neusiedl, Gols, Podersdorf und Illmitz zur Weinlesezeit recht erfolgreich Flugzeuge gegen die Stare ein.

Diesen Starenschwarm gilt es zu vertreiben.

Kurze und schmale Feldwege als Piste sind für geübte Piloten mit der Cub kein Problem.

Da die Flugzeuge die Nacht auf der grünen Wiese verbringen, ist ein gründlicher Check am frühen Morgen sehr wichtig.

Tausende Vögel, alljährlich auf dem Weg in den Süden, schätzen den Geschmack der köstlichen Trauben des Weissburgunders, Traminers, Blaufränkisch oder des Zweigelts. Sie verweilen hier gerne. Der Schaden wäre enorm, würde man nicht zu dieser außergewöhnlichen aber gleichzeitig ökologisch vertretbaren Methode greifen.

Die Weinbauern lieben die Piper »Star-Fighter«

Unsere J3C, Baujahr 1939, startet bei leichtem Gegenwind in Richtung Norden. Kurz nach dem Abheben drehen wir mit ca. 30° Schräglage nach rechts und überqueren »zwischen« zwei fahrenden Autos eine parallel zur Startbahn verlaufende Straße in etwa 2 m über Grund und nehmen Kurs auf unser Einsatzgebiet. Wir fliegen einen Slalom zwischen einzeln stehenden Bäumen, hüpfen über niedrige Telefonleitungen und achten extrem konzentriert auf jedes noch so kleine Hindernis wie einzeln stehende, dünne lange Stangen mit Papierdrachen, gedacht als Vogelscheuchen. Sowohl die Einheimischen als auch die Weinbauern sind früh unterwegs. Sie kennen ihre »Star-Fighter« und grüßen uns sehr freundlich. Die Flugstrecke ist fast jeden Tag die gleiche, angepasst an die Windverhältnisse und das Vogelaufkommen. Die Stare werden bei Sonnenaufgang an ihren Schlafplätzen im Schilfgürtel des Neusiedler Sees aufgespürt. Der Schwarm soll möglichst komplett aus dem Anbaugebiet vertrieben werden, um ihn so am großen Traubenfressen zu hindern. Eine Handvoll gestandener Piloten stellt sich dieser in Europa wohl einmaligen fliegerischen Herausforderung. Es sind erfahrene Spezialisten mit entsprechender Tiefflugausbildung und der für diese Arbeit notwendigen behördlichen Lizenz. Geflogen wird mit Piper Cub wie J3C, L-4, J5, PA-18 Super Cub und L-18. Die recht betagten, aber gut gewarteten Fluggeräte sind für diese Arbeit bestens geeignet. Extrem abgespeckt, ohne Funk, ohne Anlasser, teilweise ohne zweiten Sitz und nur mit den allernötigsten Instrumenten ausgerüstet, sind die Fluggeräte sehr leicht. Dadurch reichen die 90 PS, einsitzig geflogen, für die Verfolgung der gefräßigen »Fliegerkollegen« gut aus.

Einsatzbesprechung der »Starfighters« vor dem nächsten Flug.

Heike Ferenz nimmt für den kommenden Einsatz nur soviel Sprit wie nötig mit. Weniger Gewicht macht die Cub manövrierfähiger.

Tiefste »Gangart« ist angesagt!

Angesagt ist tiefste Gangart in Agrarflugmanier, etwa 1 bis 3 m über Grund. Niedrige Telefondrähte müssen »leider« überflogen werden, aber die normalen Überland-Stromleitungen werden bei Bedarf unterquert. Die Einsatzgebiete, die so genannten »Hotter«, sind fest eingeteilt. Sie umfassen komplett ca. 8000 Hektar und werden täglich von Sonnenaufgang bis Sonnenuntergang von jeweils sechs Flugzeugen betreut. Geflogen werden in der kurzen Saison ca. 1200 Stunden von zehn bis zwölf Piloten, selbstverständlich bei nahezu jedem Wetter. Meinen Einweisungsflug mache ich mit Werner Scheuringer, einem jungen Ingenieur, der diese Fliegerei seit 15 Jahren aus Passion betreibt und weit über 7000 Stunden in seinem Flugbuch gelistet hat. Bei vielen Film- und Fernsehproduktionen hat er die Flugstunts übernommen. Bei der Land- und Forstflug GmbH fungiert er als Flugbetriebsleiter und ist ebenso als Prüfer für die Tiefflugeinweisung zuständig.

Tiefflug gegen Vogelschwärme will geübt sein

Im Zielgebiet angekommen, befliegen wir die Weingärten nach einem bestimmten Muster, immer auf der Suche nach unseren gefiederten Kollegen. Die Navigation aus der niedrigen »Autofahrerperspektive« bereitet mir anfänglich Probleme. Die Erde flitzt unter uns hinweg. Ab und zu denke ich an mein Fahrwerk und versuche, seitlich über die Räder nach unten zu peilen. Das geht sicher noch etwas tiefer, denke ich. Doch der Blick nach vorne ist wichtiger, und ich vertraue auf die Ortskenntnis meines Lehrers, der mir rechtzeitig alle Hindernisse ansagt. Zu seiner Beruhigung bestätige ich unverzüglich seine Hinweise. Ich muss mir eingestehen, dass dieses Fliegen, trotz der enormen Konzentration, schnell süchtig macht. Aber es versteht sich von selbst, dass es außerhalb dieses speziellen Gebietes nicht zur Nachahmung empfohlen werden kann!

Nun besteht der Auftrag nicht nur aus Tiefflug, sondern der Vogelschwarm sollte zusammengehalten, bis in höhere Regionen verfolgt und abgedrängt werden. Dies erfordert das blinde Beherrschen des Fluggerätes im Grenzbereich ebenso wie gelegentliche kunstflugähnliche Manöver.

Für eine gute Performance werden die Cubs extrem erleichtert. Sogar der vordere Sitz wird bei der J3C entfernt.

Die Vögel sind verdammt gute Flieger mit enormer Steigrate, was die Verfolgung mit der Piper nicht einfach macht. Vor allem bei böigem Wind in Bodennähe wird das Fliegen extrem anspruchsvoll. Hier hilft die geografische Beurteilung, wo es Lees und Rotoren gibt. Auch die Abdrift beim engen Kurven vor den Hindernissen muss unbedingt einkalkuliert werden. Die meisten der rund 30 zum harten Kern gehörenden Piloten sind Freelancer. Das Spektrum reicht vom Airbus-Kapitän, mit Bezug zur Basis, bis zum engagierten PPL-Inhaber, der sich auf diese Weise seine Flugleidenschaft finanziert. Allen gemeinsam sind das solide fliegerische Handwerk und die extreme Erfahrung durch den täglichen Umgang mit dem Arbeitsgerät. Sie bewegen die alten Mühlen mit beeindruckender Sicherheit. Wie beispielsweise Anton Masek, einer der dienstältesten des »Top Gun«-Teams. Professioneller Agrarpilot mit jahrzehntelanger Erfahrung im Chemiesprühen in Afrika und insgesamt 12500 Flugstunden. Aus seinen abendlichen Erzählungen am Lagerfeuer erfahre ich, dass er wahrscheinlich mehr Notlandungen hat, als Elly Beinhorn diese in ihrem Buch »Alleinflug« beschreibt. Die Frage nach einem Motorausfall im Tiefflug beantwortet er sehr spontan: »Da musst du halt nehmen, was unter dir ist, und das Beste daraus machen«, was ihm schon mehrmals gelungen ist. Klingt einfach, aber haben möchte ich die Situation im Tiefflug sicher nicht.

Mutige Fighterin: eine OP-Schwester

Auch eine recht attraktive und mutige Dame ist festes Mitglied der Gruppe: Heike Ferenz. Sie kam in jungen Jahren über den Segelflug zum Motorflug und macht den Job im Urlaub als Ausgleich zu ihrer Tätigkeit als leitende OP-Schwester in einer Unfallklinik. Sie fliegt mit Leib und Seele. Obwohl sie vom Fach ist, hat sie offensichtlich noch kein Mittel gegen ihre Flugsucht gefunden. Als Salär für die Arbeitsflüge geht sie außerhalb der Saison mit einer der Pipers so oft wie möglich auf größere Reisen. Der jüngste Freelance-Pilot im Team ist Roman van Ommen, ein Bergbauingenieur aus Neusiedl. Alles, was sich um den Propeller dreht, interessiert ihn sehr. Auch er bestätigt, dass bei diesem Job weder Draufgänger noch Cowboys der Lüfte gefragt sind.

Hansi Grassel, ein ebenso risikobewusster und umsichtiger Pilot, ist gelernter Luftfahrtingenieur und bei der Land- und Forstflug GmbH fest angestellt. Seine 5.500 Stunden hat er ausschließlich mit Arbeitsflügen gesammelt. Die fliegerische Faszination sieht er in den unterschiedlichen Aufgaben wie Hagelabwehr, Tollwutköderabwurf, Brandbeobachtung, Pipelinekontrolle, Fotoflüge und natürlich Stare verscheuchen.

Wenn sich die Vögel bei Sonnenuntergang in ihre Schlafplätze zurückgezogen haben, bleibt auch den »Star-Fighters« noch genügend Zeit, sich an lauen Spätsommerabenden beim gemeinsamen Lagerfeuer, einem saftigen Steak und einem guten Schluck Wein spannende und amüsante Fliegergeschichten zu erzählen. Hoffen wir, dass die Vögel jedes Jahr hier wieder Rast machen, damit den Piloten der Stoff nie ausgeht!

Extreme Wendigkeit, Konzentration und Kenntnis der Leistung – sowohl von Mensch als auch der Maschine – sind gefordert.

Wo sind die Stare?

Die betagte Cub ist noch täglich im Einsatz.

Heike gönnt sich nach einem erfolgreichen 3-Stunden-Flug eine wohlverdiente Pause.

Ausklang beim Lagerfeuer und einem guten Wein.

Entspannter Sunrise-Flug in den neuen Tag.

Die »gelbe Gefahr«.

Wenn sich Piper-Fans treffen

Was alte Flugzeuge begehrenswert wie guten Wein macht

Als vor über 80 Jahren der in Luftfahrtkreisen damals noch unbekannte William T. Piper – schon über 50 Jahre alt – die »Zunft« wechselte, um zunächst aus der Restmasse der Taylor Aircraft Corporation für ganze 761 US-Dollar eine weltbekannte Firma aufzubauen, ahnte noch niemand, welche Mythen und Legenden sich eines Tages um diese Flugzeuge bilden würden, die seinerzeit gerade mal 1.325 Dollar kosteten und das inklusive der Flugausbildung. Es war das Billigflugzeug schlechthin, welches damals zu Tausenden die Werkshallen in Lock Haven verließ und mehr als die Hälfte billiger war als seine Konkurrenten.

Die Cubs und ihre Nachfolger, wie auch die nach dem Krieg gebauten PA-18 Super Cubs gelten heute schon als Perlen unter den Oldies, was heißt, dass es sie zwar noch reichlich gibt, und auch allein in Deutschland mit 250 Stück vertreten sind, aber sie werden immer kostbarer. Die Reife, sagen Weinkenner, kommt erst mit dem Alter. »Den jungen Wein kannst Du gelegentlich auch beim Supermarkt mal mitnehmen, aber er sollte Dir dann auch wirklich schmecken.« »...du kannst Glück haben oder auch Pech.« Diese Worte eines erfahrenen Sommeliers einer großen Weinkellerei können auch auf die Cub zutreffen. Die Schar der Cub-Besitzer und auch der allgemeinen Piper-Fans wächst stetig, so auch der Umfang der Treffen und das nicht nur in Deutschland. Inzwischen bieten die USA, der Heimat aller Piper-Flugzeuge die größten Treffen. Und manchmal, so scheint es, ist so ein Meeting wie ein großes Familientreffen.

Verwirrung der Preise und vermeintliche Schnäppchen

Doch so wie es bei der Auswahl von Weinen ist, heißt es auch bei unserem Thema für Neulinge, die in die Piper-Gemeinde vorstoßen wollen, dass sie sich nicht unbedacht oder ohne fachlichen Rat dem Erwerb eines Piper-Oldies nähern sollten. Die wahren Piper-Experten stehen da mit festeren Füßen auf dem Boden. Dank des Internets ist man selbstverständlich weltweit vernetzt. Da werden J3C ab 20.000 Dollar angeboten. Gut ausgestattet und alles mit Originalteilen versehen, kommt eine PA-18-150 aber schon mal auf 95.000 Dollar. Der O-320 hat erst 250 Stunden, die Zulassung ist abgelaufen! Das könnte unter Umständen noch was Gutes sein. Oder schon lange im Angebot eine PA-12 mit 100 PS, zwar eine Rarität, weil da später in der Regel die 150 PS-Lycomings reinkamen, aber leider ohne den linken Flügel und das für nur 11.000 Dollar! Findet sich ein günstiger Flügel dazu, dann ist das durchaus ein Schnäppchen. Die 1939er-J3C mit 65 PS wirkt mit 35.000 Dollar, inklusive einem Satz EDO 1320-Floats da schon fast wie ein Hauptgewinn, doch da sollte man auch erst mal näher hinschauen. Das gute Stück müsste dringend mal neu eingetucht werden und das geht nicht unter 15.000 Euro. Kommen noch der Zoll und die Überführung in einem Container dazu – das wird kein billiger Spaß.

Manchmal taucht auch was in Europa auf, so eine 1944er-J3C für 22.000 Euro aus Italien. Bei näherem Hinsehen stellt man allerdings fest, dass es sich mehr oder weniger um stark heruntergekommene Einzelteile handelt, die mit einem Flugzeug nur noch wenig gemein haben und wohl besser im Schrottcontainer blieben, wo sie sich auch schon zu Zeiten des Angebotes befinden. In den 70er- und 80er-Jahren war das alles noch viel einfacher, da konnte man schon mal einen Deal mit einem solchen Oldie für 7.000 Dollar machen, doch die Zeiten sind vorbei! Die Preise steigen schneller als die guten Rotschilds in den verstaubten Flaschen, auch wenn alles was Piper heißt, zahlenmäßig in den Internetbörsen oder bei »Trade-a-plane« gegenüber anderen Typen und Herstellern noch sehr reichhaltig vertreten ist.

Insider wissen aber längst, dass sich die Inaugenscheinnahme lohnt und dass man besser beraten ist, unter Seinesgleichen zu sein, und damit sind die jährlichen, sehr zwanglosen Piper-Treffen gemeint, die auf eine Initiative des Amberger Bauingenieurs Peter Arbogast aus dem Jahr 1984 zurückgehen. Arbogast, Jahrgang 1938, selber seit

Eine bunte Reihe.

Wenn sich rein zufällig mehrere kleine Staffeln zum großen Rendezvous am Himmel treffen, wird so ein Formationsflug für die Betrachter zum Augenschmaus.

1965 PPL-Inhaber und zeitweise noch mit seinem Sohn aktiv in seinem Bamberger Bauunternehmen tätig, warb als Vorstand des Aero Clubs Schmidgaden für ein erstes Treffen auf dessen Heimatflugplatz, wo er eine eigene Halle besitzt und in der er, wie könnte es anders sein, auch eine eigene Piper PA-18 Super Cub hangariert hat.

In Deutschland waren die ersten Piper-Treffen

Zumeist deutsche Städte sind die Auftragungsorte solcher Meetings und einmal war man sogar schon im österreichischen Wels. Und international sind diese Zusammenkünfte mittlerweile geworden. Piloten aus fast ganz Europa haben jährlich die Piper-Treffen zum Anlass genommen, mal im Norden, wie in Heide-Büsum oder mal im südlichen Konstanz, oder auch in Gelnhausen für drei Tage zwanglos zusammenzukommen. Am zahlreichsten scheinen aber stets die Schweizer zu sein, die viel lieber auch mal eine eigene Veranstaltung zwischen ihren Schweizer Bergen hätten, doch die Berner Bürokratie verbietet seit Jahren deutschsprachigen Funkverkehr und besteht auf Englisch. Allein zwölf Piper-Besitzer waren es beim 30. Treffen in Schmidgaden, darunter auch der Eigner mit einem inzwischen seltenen Exemplar einer PA-12 Cub Super Cruiser. Sie wollten wenigstens ihre Interessen mit anderen Piper-Besitzern wieder einmal teilen.

Weil die meisten Halter von Piper-Oldies aber schon in der Regel über 60 sind, haben sie in der Regel noch nicht das englische Funksprechzeugnis. »Ausnahmen macht das Bundesamt für Zivilluftfahrt in Bern nicht, also bleiben wir oder treffen uns dort, wo es keine Probleme gibt,« erklärt Peter Arbogast, der viele Treffen mit organisierte oder selber ausgerichtet hat. Die meisten sogar am Flugplatz Schmidgaden. Mit 24 Piper-Flugzeugen hatte es dort 1984 angefangen. Mal waren es 50, wie auch in Pfullendorf oder 52 von 92 gemeldeten Flugzeugen in Schmidgaden und darunter auch Raritäten, wie eine Piper J3F aus dem Jahre 1940 mit N-Zulassung, eine PA-18-150S Super Cub – eine Art Amphibium mit in den Schwimmern integrierten Rädern, eine PA-12 Cub Super Cruiser und eine PA-20 Pacer, der ersten Piper mit Yokes (Steuerhorn), statt Steuerknüppeln.

Zum 30. Jubiläum fand das Treffen im Juni 2013 wieder einmal in Schmidgaden statt.

Ein modernisiertes Cockpit in einer Piper PA-20, die sogenannten Yokes.

Was hinter Typbezeichnungen alles stecken kann

Die Typbezeichnungen geraten bei oberflächlicher Betrachtung mitunter auch durcheinander. Das macht es ernsthaften Interessenten bei der ersten Begutachtung eines solchen Oldies zunächst auch immer etwas schwerer, ob das Flugzeug denn dem Original entspricht. So hatte der Halter einer J3F, – das F stand für den Franklin-Motor – in seinen Papieren stehen, dass es sich um die F-Version handelt und im Zusatz steht aber ein C, und C ist das Kürzel für Continental.

Ein markantes Merkmal bei allen Cub-Versionen ist aber die Kabinenverglasung. Ausmusterte Armee-Versionen unterscheiden sich rein optisch durch eine weiter nach hinten gezogene und zwischen den Flügeln befindliche zusätzliche Verglasung, um den damaligen Forderungen der Militärs gerecht zu werden, die ja nach einer besseren Rundumsicht verlangten. Und sehr unterschiedlich sind auch die Tankanzeigen. Waren es bei den älteren J-, L- und HE-Typen noch einfache Stahlnadeln, die durch den Tankverschluss ragten und die durch einen Korkschwimmer den Tankinhalt anzeigten, so hatte die PA-12 bereits Glasschauröhrchen unter dem Flügel in unmittelbarer Rumpfnähe, die dann später bei der Super Cub, dem PA-18 Modell ganz nach innen verlegt wurden. Darauf muss man achten, wenn man an den Kauf einer Gebrauchten denkt.

Was man wie und wo finden kann

Allen diesen speziellen Bauteilen jagen ihre Halter manchmal nach, wenn eine Maschine z.B. einen Schaden hatte oder von Grund auf neu aufgerüstet werden muss und wenn noch das eine oder andere Originalteil fehlt, weil ja 1994 die Produktion der High-Wings bei Piper endgültig eingestellt wurde. Und so findet man Ersatzteile oder ganze Baugruppen nur noch bei speziellen Händlern wie Univer, Aircraft Spruce, Wag-Aero in den USA oder in Deutschland bei Piloten Rieger oder Ersatzteilbörsen anlässlich solcher Piper-Treffen.

Wertvolle Ersatzteile bei Rieger Airservice in Vilshofen.

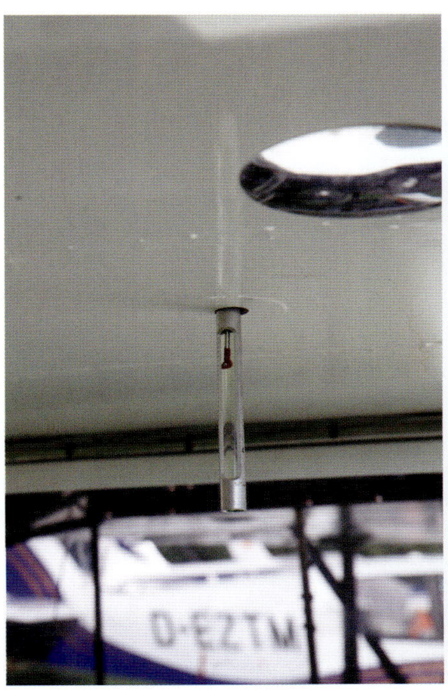

Flying Bulls Erfinder Sigi Angerer besucht mit seiner Cub den Freund Peter Arbogast in Schmidgaden. Ganz links: Ungewöhnliche, aber einfache Tankanzeige in einer PA-12 Super Cruiser.

In Schmidgaden, beim 2013er-Treffen, zu dem wie immer sehr zwanglos eingeladen wurde, war ein schwarzes Brett für verschiedene Offerten aufgestellt. Mehr gab's dazu nicht. Zu mühsam dafür Motoren, Propeller oder halbe Flügel zu transportieren. Ein Zettel mit der Offerte und mit einer Reißzwecke angepinnt, reichte da aus. Man tauschte sich ohnehin beim Essen oder Durstlöschen an Biertischen im Freien und in der Halle aus. Beklagte man aber in der Vergangenheit noch die leichte Überalterung der Teilnehmer, so konnten die Veranstalter neuerdings eine Verjüngung des Publikums feststellen und auch einige sehr aktive Frauen begrüßen.

Das Typenschild einer der ältesten Cub's in Deutschland.

Wie vorhin schon festgestellt, waren die Preise von früher absolute Schnäppchen – heute würde man für das gleiche Geld, für das man vor Jahren eine alte Piper bekam, noch nicht einmal einen kompletten Radsatz erstehen können. Wie sollte man aber auch gestern mit heute vergleichen? Heute schleppen UL's die Segler mühelos in die Höhe, was gestern noch die Piper brav gemeistert haben und so mancher Segelflieger-Club, der vor 20 Jahren noch wie selbstverständlich die Super Cub als Schlepper einsetzte, beschaffte sich zwischenzeitlich ein Remorquer oder einen Motorsegler.

Wie alt nun eine Maschine wirklich ist, lässt sich manchmal nicht ganz so genau nachvollziehen. Vor allen Dingen die älteren Maschinen, die vor dem Krieg gebaut wurden, weisen Lücken auf oder wurden etwas manipuliert, wenn das Original-Betriebshandbuch nicht mehr da war. »Deswegen«, so Peter Arbogast, »haben wir die Prämierung bei den Treffen hinsichtlich Alter der Maschinen inzwischen gestrichen.« Heutzutage prämieren wir nur noch den weitesten Anflug, den ältesten aktiven Teilnehmer und die schönste Maschine.«

Peter Arbogast gilt als Vater der Piper-Treffen

Die Abwechslung der Piper-Treffen, so verlautet aus Insiderkreisen, ist dem engagierten Schalten und Walten des nimmermüden Peter Arbogast zu verdanken. Bei ihm hat sich einfach so viel Wissen angesammelt, auf das weder die Vereinskameraden noch die vielen Helfer verzichten können. Die Art der zwanglosen Treffen ist es, die unter den Piper-Fans so beliebt geworden ist und so freuen sich die meisten schon wieder auf das nächste Treffen. Peter Arbogast gilt inzwischen schon als der Vater aller Piper-Treffen, haben doch sogar die Amerikaner erst zwei Jahre nach Deutschland mit diesen speziellen Events an der Geburtsstätte aller Piper-Flugzeuge begonnen.

Aber mittlerweile präsentiert sich dort jährlich die größte Auswahl alter High Wings auf dem alten Werksflugplatz von Lock Haven in Pennsylvania/USA. 300 Maschinen sind da keine Seltenheit. Es ist immer wie eine Homage an die große Piper-Ära, die von Lock Haven ausging. Nicht Vero Beach in Florida, wo heute nur noch wenige ein- und zweimotorige Typen, die den Namen Piper tragen, gebaut werden, sondern eben in Lock Haven, wo sich heute auch das Piper-Museum befindet. Aber auch dort ist es immer ein freies Treffen, vollkommen zwanglos. Man übernachtet in Zelten neben dem Flugzeug, wie auch in Deutschland. Etwas zünftig darf's schon sein! Die Gemeinde der Cub-Interessenten in den USA ist groß. In der Piper Owner Society sind allein über 3.000 Mitglieder vertreten und selbst die Gemeinde der Short Wings zählt 1.800 Zugehörige.

Peter Arbogast gilt als der Vater des Piper-Treffens.

Und dann ist da noch Oshkosh. Dieses Fly-in entwickelt sich auch immer mehr zu dem Piper-Meeting. Es war schon immer auch eine Tauschbörse der EAA (Experimental Aircraft Association). Es ist das größte Flieger-Meeting der Welt, wo sich allein im Jahr 2012 aus Anlass von 75 Jahre Piper über 200 alte Cubs zusammenfanden. Aus den allen Teilen der USA und aus Kanada kam man, um ein »Field of Yellow« aufzustellen. Vor 20 Jahren, als die allerletzten Super Cubs das Werk verließen, dachte wahrscheinlich kaum einer ernsthaft daran, welcher Kult sich eines Tages um das meistgebaute Leichtflugzeug der Welt entwickeln würde.

Und auch in England ist ein »Vintage Piper Club« zu finden, ebenfalls eine recht aktive Gruppe, die sogar eine kleines Journal herausgibt und deren Mitglieder nicht selten auch deutsche Veranstaltungen besuchen. Etwas strenger organisiert als die Cub-Besitzer in den USA, die dort die freien Treffen vorziehen. Die Piper-Besitzer auf der Insel sieht man fast regelmäßig auch auf anderen großen Oldtimer-Veranstaltungen, die dort seit Jahrzehnten Tradition haben. Die älteste in England gesichtete Maschine ist eine J2, von der der Eigner noch nicht einmal weiß, ob sie 1936 oder »erst« 1938 gebaut wurde. Jedenfalls ist nicht mehr der Originalmotor unter der Haube, sondern ein 65 PS-Conti. Und dann ist da auch ein seltenes Exemplar einer L-14, von der nur 13 Stück der Werk in Lock Haven verließen. Überhaupt befinden sich viele seltene Typen auf der Insel.

Oshkosh: Yellow Line!

Experten unter sich.

Auch die Jungen lernen Taildragger fliegen

Auch viele jungen Piloten haben inzwischen entdeckt, wie viel Spaß sich mit einer Restaurierung und auch dem anschließenden entspannten Fliegen verbinden lässt. Taildragger zu fliegen, ist für die junge Generation sicher etwas Neues, aber früher flog man ja fast nur Spornradflugzeuge und wenn tausende Piloten das Fliegen auf Piper High-Wings gelernt haben, wo sollte dann das Problem liegen? Eine Piper ist nach heutigen Maßstäben noch relativ preiswert zu ergattern. Sie ist vergleichbar mit einem kleinen Weinlager im Keller mit hochwertigen Weinen. Mit dem einzigen Unterschied: ist der gute Tropfen mal getrunken, ist's vorbei. Der Wert einer Piper Cub hingegen wird die nächsten Jahre konstant weiter steigen. Die Liebhaber dieser Flugzeuge wissen warum.

Schweizer benennen ihre Flugzeuge in maskulinem Genus – also der Piper. Der Piper ist bis heute noch Arbeitstier für leichte Segelflugzeuge aus Holz.

Piper-Restaurierung

Was bringt Menschen dazu, alte Technik am Leben zu halten? Erwarten Sie bitte keine klare Erklärung dazu, aber als ich mich zum wiederholten Male zu Schweizer Freunden begab, fand ich zumindest eine Teilerklärung. Sie hatten ein Jahr nach dem Krieg aus US-Armeebeständen eine L-4 Cub gekauft, zu einem Preis, den man heute für einen gebrauchten Kleinwagen bezahlen müsste. Aber selbst vor 20 Jahren war eine J3C Cub noch für etwa 15.000 Euro zu haben und eine PA-18 Super Cub kam so auf 25.000 Euro. Davon ist man heute sehr weit entfernt, denn es kursieren Preise, die das Drei- und Vierfache ausmachen, auch wenn die Löhne nicht in dem Maß gestiegen sind. Im Fall der Schweizer Freunde, der Segelfluggruppe Schaffhausen (SGS), die von einem Vereinsmitglied die Maschine zwei Jahre später gekauft hatten, war die Sache klar. Damals umständehalber dann für 6.500 Franken abgekauft, blieb die L-4 Cub bis heute im Vereinsbesitz, denn warum sollte man sie nach so vielen Jahren verrichteter Schlepparbeit mit den Segelflugzeugen plötzlich aus den Händen geben. Vor der Restaurierung gab

Übernahme der Cub Anfang 1948 durch die Segelfluggruppe Schaffhausen (Schweiz).

es von auswärts ein Angebot von ca. 60.000 SFr.! Einige SGS- Mitglieder hätten die Piper dafür sofort verkauft.

Mag sein, dass man sich von einem wertvollen Bild, einem Oldie auf vier Rädern oder einem schönen Stück Möbel leichter trennt, aber nicht doch von so einem liebgewordenen Flugzeug, das außer ein paar Kratzern und einem verbogenen Propeller keine ernsthaften Blessuren aufweist. Die Entscheidung, ob nun eine Restaurierung in Eigenverantwortung durchführbar ist, oder ob man von vornherein einen zertifizierten Betrieb dafür beauftragt, hängt von der Zeit und den finanziellen Mitteln ab. Ein LTB (Luftfahrttechnischer Betrieb) mit versierten Mitarbeitern schafft eine Totalrestaurierung je nach Typ in 1.200 bis 1.800 Arbeitsstunden. Das ist ein Mehrfaches der eigentlichen Herstellzeit, wenn man bedenkt, dass in Pipers Lock Havener Werk so ein Maschinchen in knapp 600 Stunden fertiggestellt wurde. Legt man selber Hand an, so muss man schon mit 2.000 bis 3.500 Stunden rechnen, weil ja viele Handgriffe und Arbeitsgänge erst am Objekt erlernbar sind.

Bestandsaufnahme

Als Erstes muss eine Bestandsaufnahme gemacht werden. Wie alt so ein Flugzeug wirklich ist, lässt sich manchmal nicht ganz so genau nachvollziehen. In jedem Fall ist das wichtigste Indiz das Typenschild mit der Werks-Nummer von Piper. Ohne dieses kleine Aluminiumtäfelchen geht rein gar nichts. Es muss unbedingt mit dem Betriebshandbuch übereinstimmen! Die LTAs (Lufttüchtigkeitsanweisung) müssen auf ihre Durchführung überprüft werden, ebenso wie das vollständige Flugbuch, denn auch anhand der Starts, der Flugdauer und der Gesamtstunden lässt sich eine Beurteilungsgrundlage erstellen. Gleiches gilt für den Motor, der ja sicher in der Regel nicht mehr der Originalmotor ist!

Ist die Bestandsaufnahme positiv ausgefallen, muss ein Prüfer einen Befundbericht erstellen. In der Regel ist das ein nur oberflächlicher Bericht, weil dieser Experte ja noch nicht in jeden Winkel sehen kann, an dem sich vielleicht Mängel befinden könnten. Schritt Zwei ist die Bestimmung der in der Werkstatt eingetragenen Personen als sachkundige Experten zur vorübergehenden Anerkennung als Luftfahrttechnischer Betrieb durch das LBA. In der Schweiz ist das das Bundesamt für Zivilluftfahrt, kurz BAZL genannt und in Österreich die Austro Control. Damit ist erst einmal grünes Licht gegeben, die Arbeiten in Angriff zu nehmen.

Öffnen der Fläche.

Demontage: Die Verbindungen sind gekappt. Der Motor hängt bereits am Haken.

In einem ordentlichen LTB ist das Prozedere eigentlich ähnlich. Da aber die Anerkennung als LTB schon vorher erfolgt ist, muss der Betrieb die Restaurierung des jeweiligen Flugzeugs nun beim LBA in Braunschweig, dem BAZL in Bern oder Austro Control in Wien anmelden. Dieser Vorgang ist wichtig, weil ja der gesamte Vorgang in die Lebenslaufakte des Flugzeugs kommt. Weswegen dann 60.000 bis 90.000 Euro oder vielleicht auch noch mehr an Kosten in einem professionellen Betrieb zusammenkommen, erklärt sich bei Stundensätzen von 50 Euro dann schon fast wie von selbst. Deutlich höher können die Kosten aufgrund des sehr hohen Lohnniveaus in der Schweiz sein! Auch ein Grund, weshalb dort private Halter und Clubs die Restaurierung von Oldtimern möglichst selber durchführen, auch wenn nicht alle Arbeiten eigenständig durchgeführt werden können. Das kann für Röntgenuntersuchungen der Metallstrukturen ebenso gelten, wie das Einschweißen durch einen geprüften Schweißer von Rohren am Rumpf und ganz speziell am Heck oder einem beschädigten Leitwerksteil.

Geordnete Demontage und Entlackung

Schritt Eins ist die Demontage der Flügelhälften, des Höhenleitwerks, des Motors und des Fahrwerks vom Rumpf. Damit sind alle Baugruppen schon mal leichter zugänglich. Da alle Piper Cubs tuchbespannte Flugzeuge sind, muss auch die alte Bespannung vom Rumpf, von den Flügelhälften und vom Leitwerk entfernt werden. Der Motor gehört, falls seine Stunden abgelaufen sind, in einen dafür zugelassen Spezialbetrieb zur Revision. Ein Glücksfall, wenn er noch einige hundert Stunden laufen kann. Zu den weiteren Arbeiten zählt die Demontage sämtlicher Kleinbaugruppen. Sinnvoll ist, jede Ecke und Winkel im Bild festzuhalten und dann auch eine Nummerierung vorzunehmen und eine Akte bildunterstützend anzulegen. Nur so lässt sich später erkennen, wo die ausgebaute Umlenkrolle wirklich hingehörte. Beim späteren Zusammenbau kann das äußerst hilfreich sein und es unterstützt auch den Prüfer, der die Zwischenbauabschnitte ja zu überprüfen hat. Und dann erweist sich ein übersichtliches Regalsystem für die ausgelagerten Teile ebenfalls als nützlich.

Da die komplette Stahlrohrkonstruktion, aber auch die Flügelbeplankung, die Querruder, die Verschalungsbleche, Zierleisten, Fahrwerksschenkel usw. in zeitraubender und mühsamer Handarbeit von Farbe, Spachtel und Spannlack abgelaugt werden müssen, sollte das am besten in einem

Gründliche Reinigung der Ruder und der Flächen von Lack- und Kleberesten.

Prüfen der Substanz. Reparabler Rostansatz an der Höhenrudertrimmung.

dafür gesondert eingerichteten Raum passieren. Nach diesem Arbeitsschritt sollte der Rumpf komplett röntgenologisch in einem Spezialbetrieb untersucht werden, sofern nicht schon vorher geschehen. Das hat den Vorteil, dass für das Auge unsichtbare Feinrisse erkannt werden, bevor es an der entsprechenden Stelle zum Bruch kommen kann. Dabei kann es einem natürlich so gehen wie der Segelfluggruppe Schaffhausen, deren L-4 mit 66 kW (90 PS) bei einer solchen Untersuchung ein derart schlechtes Zeugnis ausgestellt wurde, dass aus der kleinen Werft bei Max Vogelsang in Wohlen die Empfehlung kam, entweder eine aufwendige und teure Reparatur der Rohrstücke vornehmen zu lassen, oder einen Ersatzrumpf in den USA zu bestellen.

Wie man Rostfraß entdecken kann

Der Experte Vogelsang hatte den alten Rumpf zunächst nur sandgestrahlt und ihn dann grundiert. Durch Rostfraß hatten sich feinste Löcher an einigen Rohrstellen gebildet, die durch die Einsickung der dünnen Farbschicht für das Auge sichtbar wurden. Zwischenzeitlich gelang es dem Komitee »Pro Piper« unter der Projektleitung von Peter Bollinger und seiner Lebensgefährtin Silke Gasser von der Segelfluggruppe in einer einzigartigen Sammelaktion 132.000 SFr. aus dem Schaffhauser Umfeld einschließlich des Hauptsponsors IWC aufzutreiben.

Die Hauptarbeit nach der Geldbeschaffung lag nun trotz viel handwerklicher Hilfe auf ihren Schultern. In den zwei folgenden Jahren der Restaurierung mussten sie auf manche freie Stunde der Erholung und Entspannung verzichten, weil man so ein Mammutprojekt nicht einfach an den Nagel hängen konnte. Man entschied sich bei Univair in USA, dem größten Piper-Ersatzteilhändler der Welt, einen komplett geschweißten Stahlrohrrumpf für rund 12.000 Dollar zu ordern.

Das Auswechseln mehrerer Stahlrohre in der alten Rumpfstruktur hätte inklusive Arbeitslohn fast ebenso viel gekostet, weil das Heraussägen der schadhaften Rohrstellen und das Einfügen neuer Rohre mit den vorzunehmenden Schäftungen und Schweißungen einen sehr hohen Zeitaufwand bedeutet hätte. Zur Erinnerung an die Totalrevision hängt der alte Gitterrumpf auf dem Schaffhauser Schmerlat, dem Segelflugplatz, nun an der Hallendecke. Schlussendlich war man auch durch die Entscheidung beruhigter, einen neuen Rumpf mit Null Stunden gekauft zu haben.

Bei einer solchen Restauration müssen auch oftmals viele Kleinteile wegen ihrer Abnutzung ersetzt werden. Auch Rippen können je nach Zustand das Ende ihrer Lebensdauer erreicht haben. Komplizierter wird es, wenn aber der gesamte Holm ausgewechselt werden muss. Und einer sehr starken Alterung sind die Flügelrandbögen unterworfen. Da sie aus Holz, in Schichten verleimt und der runden Form entsprechend gebogen sind, kann man sie nicht einfach durch eine Leiste ersetzen, die man über den Holm biegt. Auch hier ist größte Sorgfaltspflicht gefragt, was eventuell auch bedeuten kann, dass eine Neubeschaffung ansteht.

Ein neuer Rumpf muss her.

Vor dem Wiederaufbau mussten Neuteile beschafft werden

Mitunter finden sich gut erhaltene Ersatzteile über Teile-Börsen, sodass nicht das sehr viel teurere Originalteil bestellt werden muss. Vieles ist bei der Piper-Generalvertretung wie auch bei dem Piper-Service Betrieb Rieger oder in der Schweiz bei Max Vogelsang (MSW Aviation in Wohlen) schneller erhältlich als über das umständlichere Zollprozedere mit den USA. Wobei die amerikanischen Händler, dazu zählen auch Aircraft Spruce, Wag Aero und Airframes Alaska, die weitaus größere Ersatzteilbevorratung haben, zumal sie gewisse Teile auch ständig neu produzieren. Es geht aber auch anders. Der heutige Besitzer der ersten an die Bundeswehr ausgeliefert PA-18C Super Cub hatte zufällig ein kompletten Schweißplan für einen Rumpf beschaffen können. Weil der Originalrumpf zu stark beschädigt war, ließ er ihn kurzerhand im Jahr 2000 für umgerechnet 5000 Euro bei Gomolzig neu herstellen. Doch die Schweiz ist nicht Deutschland. Bei MSW in Wohlen fielen auch noch andere Zusatzaufgaben an.

Der Wiederaufbau des Rumpfes erfolgte nach der ersten Betrachtung mit dem zusätzlichen Anschweißen von Befestigungslaschen, die an der J3C Cub nicht vorhanden waren, weil die Maschine ja der einer L-4 Cub entsprach. Das galt insbesondere für die weiter nach hinten gezogene Cockpit-Verglasung. Zuerst wurde im Fall der Schaffhauser L-4 Cub eine neue, leichtere Bodenplatte angefertigt und eingepasst. Es folgten Schritt für Schritt die Bremspedalen, Seitensteuerpedalen, Steuerknüppel, Gashebel, Trimmkurbel, die Trimmanzeige, Klinke, Klinkeanzeige, Vergaservorwärmung, Steuerseile, Pneumatik, die Elektrik und der Benzintank.

Beim Neuaufbau wurde festgestellt, dass der neue Stahlrohrrumpf nicht ganz identisch mit dem alten Rumpd war – bei einem solchen Projekt eigentlich keine große Überraschung. Es waren zwar immer nur Kleinigkeiten, die nicht passten, aber diese Kleinigkeiten brachten einen unglaublichen Mehraufwand mit sich. So mussten zum Beispiel alle Abschlussbleche beim Einstieg neu angefertigt werden. Da es sich bei diesen Abschlussblechen um komplizierte Biegeprofile handelte, mussten diese extra in einer Spenglerei angefertigt werden. Die Sitzpolster wurden einer Totalrevision unterzogen und durch einen Lederbezug veredelt. Dazu verlangte das BAZL ein Zertifikat der Schwerentflammbarkeit des verwendeten Materials. Weiter wurde das Instrumentenbrett neu angefertigt.

Auch richtig bespannen will gelernt sein

Nun ging es an die Neubespannung. Eine relativ einfache, aber teurere Bespannung ist die Verwendung von Ceconite, die einfach aufgebügelt wird. Die Schaffhauser verwendeten aber die klassische Methode mit dem viel billigeren Baumwolltuch, das zunächst auf die mit Klebelack und Tuchstreifen vorbehandelten Rippen aufgespannt wurde. An den angezeichneten Positionen wurde das Tuch mit einer Ale vorsichtig durchstochen. Mittels eines speziellen »Piper-Knotens« musste das Tuch mit einem sehr langen Faden mit den Rippen verknotet und vernäht werden. Das Aufnähen des Tuches auf die Rippen ist eine sehr verantwortungsvolle Arbeit und muss entsprechend präzise und mit höchster Konzentration ausgeführt werden. Man will ja nicht, dass sich während des Fluges das Tuch löst und damit z.B. der Flügel seine Tragfähigkeit verliert. Nach den Näharbeiten mussten über jede Rippe und rund um die Streben der Dämpfungsfläche des Seitenleitwerks Zackenbänder aus Baumwolltuch angebracht werden. Dazu diente eine hinterrücks aufgehängte Lampe, die von der anderen Seite wie bei einem Schattenspiel funktioniert. Anschließend wurden die Zackenbänder mit Hilfe von Spannlack aufgetragen. Bei dieser Arbeit ist es außer

Rumpf und Flügel werden bespannt und an kritischen Teilen, wie an den Flächenrippen vernäht, auf die zum Schluss noch ein Zackenband zum Schutz aufgeklebt wird.

Natürlich wird die Piper gelb lackiert.

ordentlich wichtig, dass es keine Lufteinschlüsse zwischen dem Zackenband und dem Tuch gibt. Besonders schwierig und zeitaufwendig ist es, wenn das Zackenband über eine Biegung oder eine exponierte Stelle gespannt werden muss. Die fertig aufgebrachten Zackenbänder mussten ebenfalls wieder mit Spannlack angestrichen werden. Das Eintuchen der Querruder, des Rumpfes, und der Fahrwerkschenkel ging im gleichen Prinzip vor sich, wie das eben beschriebene Eintuchen der Flügel. Erst nach diesen zeitaufwendigen Arbeitsschritten konnten drei Spannlackanstriche über den ganzen Flügel sowie das Leitwerk und die gespreizten Fahrwerksausleger das Tuch straffen.

Wesentlich leichter ist das Eintuchen der Flügel allerdings mit dem schon oben erwähnten Ceconite. Dafür ist eine Art Schlauch erhältlich, der auf das vorbereitete Gerippe aufgebügelt wird. Theoretisch kann man das sogar mit einem Bügeleisen machen. Wenn dieser Schlauch straff aufgezogen worden ist, muss nur noch mit einem Heißluftgebläse Flächensegment für Flächensegment mit Warmluft angeblasen werden, bis sich das Kunststoffgewebe zusammenzieht und eng anliegt. Ganz neu ist das Oratex 6000 des deutschen Herstellers Lanitz Aviation, mit dem selbst schon Flugzeuge wie die AN-2 »betucht« wurden. Doch auch hier muss nach dem Vernähen noch ein Zackenband über die Einstichstellen geklebt werden. Im Falle von Oratex 6000 entfällt die weitere Lackierung, weil das Oratex schon eingefärbt ist.

Mit beiden modernen Materialien ist aber eine Vorbehandlung der Klebeflächen mit einem entsprechenden Leim erforderlich! Ein STC der EASA stand für Oratex 6000 bei Drucklegung noch aus.

Montage-Feinarbeit

Doch trotz längerer Bearbeitungszeit war die gute alte Schleppmaschine der Schaffhauser Segelfluggruppe langsam wieder als Flugzeug erkennbar. Funk und Transponder, welche in den Flügel hineingreifen, wurden eingepasst und verkabelt. Des Weiteren wurden alle Plexigläser bei Mecaplex neu angefertigt und in den Rumpf eingepasst und auch alle Aluminium-Abdeckleisten der Verglasung bedurften einer Neuanfertigung.

Doch erst musste der Motor fachgerecht an seine dafür vorgesehene Position montiert werden. Zunächst war es noch das alte Triebwerk, dessen Stunden noch nicht ganz abgelaufen waren. Dieser wurde dann aber ein Jahr später gegen einen Null-Stunden-Tauschmotor ausgetauscht. Zusätzlich wurde die Benzinleitung vom Flügeltank in den Rumpftank verlegt und eine Dichtheitskontrolle des gesamten Brennstoffsystems ausgeführt. Der Flügeltank (links eingebaut) ist eigentlich eine Option des sonst üblichen 45 Liter Haupttanks hinter dem Brandschott. Doch bei der Dichtheitskontrolle floss der Treibstoff an einer Stelle in Strömen aus der Brennstoffleitung. Da hatte tatsächlich während der Installationsarbeiten mit der Bohrmaschine jemand in die Brennstoffleitung gebohrt. Die gesamte Leitung musste daraufhin ersetzt werden.

Nun konnte auch das Höhenleitwerk endgültig mit der Trimmung montiert und die Steuerseile sauber an die Ruder angeschlossen werden. Auch war man schon in der Lage den Funk und den Transponder einem ersten Test zu unterziehen. Dummerweise stellte sich heraus, dass die Transponder-Antenne an einem falschen Ort montiert worden war und der Transponder deswegen zu wenig Sendeleistung abgab. Folglich musste die Transponder-Antenne an eine andere Stelle gesetzt werden, die eine bessere Abstrahlung garantierte. Die profilierten Flügelstreben, besonders hochbeanspruchte Teile, wurden durch neue ersetzt. Denn eine Überprüfung ergab, dass auch ihre Zeit abgelaufen war.

Endlich war die gute alte Piper L-4 Cub nun lackierbereit. Damit später die Farbe gut rauskommt, wurde sie zunächst weiß grundiert und nach Trocknung der Grundierung erfolgte der typische gelbe Farbauftrag mit einem Zweikomponenten-Lack, der ja eigentlich nur auf der J3C und auch bei einigen späteren PA-12 Cubs und PA-18 Super Cubs als Standard-Lackierung aufgebracht wurde. Doch anstelle des schwer erkennbaren olivfarbenen Militäranstriches, den die Original L-4 damals bei ihrem Kauf in der Schweiz noch hatte, mochten die Segelflieger ihren Oldie-Schlepper – wie schon vor der Restauration – lieber in dem freundlichen hellen Gelb. Auch die Cowling, die ja wie auch bei der J3C die Zylinderköpfe und den Auspuff herausragen lässt, musste sich einer neuen Farbangleichung unterziehen. Abschließend konnte wieder mithilfe einer Schablone die Kennung HB-OIO und der schwarze Piper-Blitz aufgespritzt werden.

Nun wurde die Endmontage vorgenommen. Es folgten der Einbau des Instrumentenbrettes, diverse Kabel und Anschlüsse und zuletzt nach Malausbesserungen die Beschriftungen sowie Bezeichnungsschilder für die Bedienung.

Freigabe mit Hindernissen

Neben der Überprüfung der Bordpapiere wurde das Flugzeug einer genauen Kontrolle unterzogen, doch leider gab der zuständige Prüfer des BAZL die Piper noch nicht für den Flugbetrieb frei. Das BAZL bemängelte unter anderem folgende Punkte: Mängel beim Arbeitsbericht, fehlendes Zertifikat für die neuen Steuerseile, fehlendes Zertifikat für den neuen Tankschalter, fehlendes Zertifikat für die neue Frontscheibe, fehlende Ausrüstungsliste, fehlende Papiere für den Transponder-Einbau, fehlende Radiokonzession, fehlendes Typen-/Serienschild, falsch markierte Bereiche an dem Öldruck- und Drehzahlmesser. Diese Mängel wurden übrigens weder bei der letzten Restaurierung noch bei einer der 50- oder 100 Stunden-Kontrollen vom BAZL moniert! Auch wurde festgestellt, dass die Darstellung der Immatrikulation nicht den Vorschriften entspräche. Alle diese Mängel mussten mit Ausnahme der Immatrikulation und des Tankschalters vor dem ersten Flug erledigt werden. Ohne die Erfüllung der aufgelisteten Punkte gab‘s kein grünes Licht. Dumm war die Sache mit den Steuerseilen, denn dafür gab es tatsächlich kein Zertifikat und der Einbau zertifizierter Seile, die eine Menge zusätzliche Arbeitszeit verursachten, hätte tatsächlich nicht sein müssen! Der Austausch erfolgte in einer Nacht- und Nebelaktion, nachdem das Pilatus-Flugzeugwerk mit zertifizierten Seilen aushelfen konnte. Alle anderen Punkte konnten relativ leicht abgearbeitet werden. War da noch die Mängelrüge mit dem fehlenden Typenschild.

Anfangs war die Tragweite des vom BAZL beanstandeten fehlenden Typenschildes gar nicht augenscheinlich. Dies bedeutet nämlich, dass ohne dieses original Typen-/Serienschild, die Piper keine Verkehrsbewilligung vom BAZL bekommen würde und somit für immer am Boden bleiben müsste. In ähnlichen Fällen laufen bereits Prozesse. Ein Mitglied der Gruppe konnte sich erinnern, dass z.B. ein solches Schild nach der Restauration in den 50er-Jahren bei Balair vergessen wurde. Er durchsuchte daraufhin alle alten Akten auf seinem Speicher nach diesem wertvollen Schild für die Piper und wurde glücklicherweise auch fündig! So wurde dieses unglaublich wichtige, aber kaum noch leserliche Schild wieder an den Rumpf angenietet. Da es nur noch wenige Tage bis zum geplanten Fliegerfest waren, dem erklärten Termin der Piper-Neuvorstellung, ging ein großes Aufatmen durch die Gruppe. Zwischen der vermeintlichen Endprüfung und dem Auffinden dieses wichtigsten aller Teile war eine Woche vergangen. Das BAZL erteilte die Verkehrsbewilligung und dank der nun gültigen Papiere konnte nach kurzer Flugerprobung das Fest wie geplant durchgeführt werden.

Endmontage beim Experten Max Vogelsang in Birrfeld.

Braucht eine Super Cub wirklich keinen Flugplatz?

Piper-Marketing

Schon zu Beginn des 20. Jahrhunderts war in den USA der Begriff »Marketing« durchaus gebräuchlich – heute ist er ja weltweiter Bestand gängigen Sprachgebrauchs. Schon fast in unserem Sprachschatz vergessen sind die Begriffe »Vertrieb« und »Reklame«. Doch diese schließen bei Weitem nicht das ein, was man alles unter Marketing versteht.

Das Bärchen als Markenzeichen der Cubs.

Wikipedia definiert Marketing, bzw. den alten Begriff Absatzwirtschaft zum Einen als Unternehmensbereich, dessen Aufgabe es ist, Waren und Dienstleistungen zu vermarkten; zum Anderen als ein Konzept der ganzheitlichen, marktorientierten Unternehmensführung zur Befriedigung der Bedürfnisse und Erwartungen der Kunden und anderer Interessengruppen. Damit entwickelt sich das Marketingverständnis von einer operativen Beeinflussungstechnik hin zu einer Führungskonzeption, die andere Funktionen, wie zum Beispiel Beschaffung, Produktion, Verwaltung und Personal, mit einschließt.

Was aber hatte ein Unternehmen wie Piper in den 30er-Jahren mit Marketing zu tun? Als Standbein eines guten Marketings bildet die Unternehmensidentität die wichtigste Grundlage, was eigentlich mit keinem anderen Flugzeugmuster so perfekt umgesetzt wurde, wie seinerzeit bei Pipers Cub‘s. Man konzentrierte sich auf äußere Merkmale, wie den abgestrebten Spornrad-Schulterdecker mit einem Motor und Tandemsitzen. Als ergänzendes Merkmal fügen sich die gelbe Lackierung mit dem schwarz angedeuteten Blitz auf beiden Rumpfseiten und das Cub-Bärchen hinzu, und schlussendlich aber auch die Typ-Bezeichnung »Piper Cub«.

Verkauft wurde fast nur über den günstigen Preis.

Ganz rechts: Es musste immer alles »New« sein.

Auch die Frauen wurden geschickt in die Werbung einbezogen. Frau am Steuer, Fliegen muss einfach sein – so die damalige Denkart.

Doch William T. Pipers Marketing wäre nicht so erfolgreich gewesen, hätte er nicht schon früh erkannt, wie er durch eine gezielte Preispolitik herausfinden kann, welchen Preis seine Kunden bereit sind, für diese Produktmerkmale zu zahlen. Und es war ein genialer Schachzug, die kostenlose Flugausbildung oder Sonderkonditionen für Flugschulen beim Kauf gleich mehrerer Maschinen anzubieten.

Die Piper wird zum Reiseflugzeug.

Die Autofabrikation als leuchtendes Beispiel

Piper verfolgte zu seiner Gründerzeit den gigantischen Erfolg von Henry Ford's Autofabrikation. So, wie Ford seine preiswerten und damit für jedermann erschwinglichen Ford A fast fünfmillionenmal an die inzwischen mobilitätsbewussten Amerikaner verkaufte, wollte auch William T. Piper dem nicht nachstehen.

Die Taylors besaßen so gut wie keine nennenswerte Marketingstrategie, als William T. Piper zu ihnen stieß. Die Chummy verkaufte sich nur mäßig und selbst die J2, die nach dem Tod von Gordon Taylor, dem Bruder von Clarens G. Taylor entstand, hatte ihre Haken: zu teuer mit 4.000 Dollar, und sie besaß auch keine verglaste Kabine, wie alle späteren Cubs. Und auch der zunächst verwendete Motor mit 37 PS war zu schwach auf der Brust. Eine Modifikation des A-40 von Continental führte 1936 immerhin zu einer 40 PS-Version. Doch auch dieser Motor war im Prinzip nicht leistungsfähig genug, weil die Chummy aufgrund ihrer Konstruktion einer höheren Antriebsleistung bedurfte. Aber trotzdem war es der Beginn einer jahrzehntelangen Liaison zwischen Piper und Continental, weil die spätere Motorisierung der J3 sich bestens bewährte. William T. Piper gab ja in der Firma längst den Ton an und er bestand darauf, bei Continental zu bleiben, weil deren Motoren sich auch immer mehr bewährten.

Ein Flugzeug für nur 995 Dollar!

Piper, erfahren aus dem Ölgeschäft, schraubte ständig an den Preisen und auch den Rabatten herum, weil er wusste, dass dies der eigentlich Schlüssel zum Erfolg für die flugbegeisterte Gesellschaft Amerikas war. Die erste J3, die eigentlich noch E2 Cub hieß, musste er aus kalkulatorischen Gründen sogar noch für 1.295 Dollar an den Mann bringen, um nicht draufzulegen. Später konnte er die Basisversion über einen kurzen Zeitraum sogar für ganze 995 Dollar anbieten. Immerhin gab es in den USA kein anderes Flugzeug, welches nur annähernd so preiswert angeboten wurde! Ein Flugzeug zu einem Preis eines Autos von Ford! Die überall in den Staaten aufkommenden Flugschulen boten die Flugstunde für 10 Dollar an. Wenn an dieser Stelle die Dollarpreise sehr niedrig erscheinen, so darf nicht vergessen werden, dass in den frühen 30er-Jahren der Dollar einen siebenfachen Kaufwert hatte.

Eine der ersten groß angelegten Werbemaßnahmen von Piper war, einem Käufer Rabatt zu gewähren, wenn er statt einer Maschine gleich zwei orderte. Ein Geniestreich – man kauft ja auch nicht unbedingt zwei Autos gleichen Typs! Doch er billigte diesen speziellen Käufern immerhin eine Art Händlerrabatt von 15% an. Diese Methodik schien sich zu bewähren, ebenso wie der noch höhere Flugschulen-Rabatt mit bis zu 25%, ein Rabattsatz der äußerst ungewöhnlich war, doch galten die Flugschüler als Multiplikatoren, die sich früher oder später höchstwahrscheinlich eine Piper kaufen würden. Und Pipers Rabattsystem ging voll auf!

Mit einem Synonym zum Welterfolg

Anlässlich eines ersten Testfluges mit einem viel zu schwachen 20 PS-Motor, dem auch der Buchhalter Gilbert Hadrel beiwohnte, meinte dieser scherzend: »Der Motor heißt Tiger Kitten, warum nennen wir das Flugzeug nicht Cub?« Damit war auch eine Art Markenzeichen geboren. Cub und das Bärchen gehörten fortan zusammen. Und Piper übernahm das Cub-Bärchen, auch als er die Firma vollends aufkaufte und in Piper Aircraft Corporation umbenannte.

Show-Piloten zeigten in atemberaubenden Stunts die Kurzstartfähigkeit der Piper-Flugzeuge.

William T. Piper erkannte früh das große Potenzial, das im Verkauf der kleinen Flugzeuge steckte. Er initiierte überall Clubs, beschickte jede Art von Messen und schreckte zunächst auch nicht vor spektakulären Showeinlagen zurück, wie etwa die Landung einer Taylor E2 Cub mit »Mike« Murphy auf einem Rennwagen – ein Stunt, der gestern wie heute in den USA außerordentlich beliebt ist. Damals stahl es den anderen waghalsigen Piloten der Speedplanes sogar die Show.

Einer der Vorführ-Piloten kam einmal auf die Idee, auf der Plattform eines fahrenden Lastwagens zu landen, während ein anderer mit montierten Schwimmern auf einer Wiese landete, denn wer wusste schon davon, dass vor Beginn einer Vorführung ein Tanklastwagen durch Besprühen dem Gras, wie von Schmierseife geschmiert, die Bremswirkung nahm. Das Publikum ließ sich durch solche Aktionen begeistern und die Redakteure der Lokalpresse feierten anderntags die Piloten wie Helden mit Slogans wie »Piper-Wasserflugzeug landete auf trockener Wiese«.

Den Vogel schoss aber Pipers Verkaufschef William D. Strohmeier mit einer Streichholzbriefchen-Aktion ab. Er war sozusagen der fliegende Verkäufer, der ständig mit den neuesten Ideen sprudelte. Er ließ auf den kostenlos verteilten Streichholzbriefchen einen Piper-Werbeaufdruck anbringen. Der Text lautete: »Piper points the way to wings for you! Free flying course-free. Mail this cover for beautiful new free catalog of latest Piper Cub airplanes. And if you want your pilot's wings as pictured here, enclose ten cents in stamps or coins and mail to Piper Aircraft Corporation, Federal Street, Lock Haven, PA.« Das bedeutete sinngemäß, dass man eine Rückantwort mit dem Cover des Streichholzbriefchens an das Piper Werk schicke solle, um dafür eine kleinen Katalog mit den neuesten Piper-Modellen zu bekommen und dass die Piper den Weg weist, einen kostenlosen Flugkurs zu erhalten. So mutig wie genial! Wer keine Angst vorm Fliegen hatte, der griff hier zu. Der Clou aber war für Piper, dass das Streichholzheftchen, dass der Katalog und die Zusendung zusammen nur 8 Cent kostete. Also waren schon mal 2 Cent je Sendung gewonnen!

Es gab aber auch Flops bei Marketingaktionen: So wollte man die Reichweite der Cub's mit einer Sonderaktion unter Beweis stellen. Pipers Testpilot, Kennet T. Kresse startete in Newark/NJ, um nonstop nach Miami/FL und wieder zurück zu fliegen. Es erfolgte eine »Boden-Luftbetankung« an den Orten Raleight/NC und Jacksonville/FL und Miami/FL. Ging der Sprit während des Fluges langsam zur Neige, traf man sich mit einem schnell fahrendern Pick-up, der mit mehreren Fünf-Gallonen-Spritkanistern beladen war, die der Copilot im Tiefflug an einem Seil hoch ins Flugzeug zog. Die halsbrecherische Aktion funktionierte tatsächlich und nach 63,5 Stunden und 2.390 Meilen landete man wieder in Newark, wo sensationshungrige Reporter gespannt warteten. Dennoch erwies sich diese Tour nicht als so gewinnbringend, wie man es sich erhofft hatte. Nur wenige Maschinen mit dem dafür bestimmten Dreizylinder-Stern-Papoose-Motor wurden verkauft. Das hatte aber einen anderen Grund: im Flug hörte er sich an, als wäre man in einer Hammerschmiede, woran auch immer das lag.

Höhen-Rekordflug auf 27.510 ft.

Langstreckenflüge über den ganzen Kontinent beweisen die enorme Zuverlässigkeit.

Das Militär hielt zunächst nichts von Leichtflugzeugen

Amerika verfolgte in den 30er-Jahren eine strenge Neutralitätspolitik, was den damaligen Präsidentenberatern zusammen mit der Tatsache, dass Army und Marine zusammen jährlich nur maximal 1.000 Piloten ausbilden konnten, nicht ganz geheuer war. Die Vorstellung von Piper war, den zwei Waffengattungen mittels Leichtflugzeugen, wie der Piper Cub, billigere Ausbildungen zu ermöglichen, (eine Air Force gab es zu diesem Zeitpunkt noch nicht). Doch weder Piper noch die Mitbewerber anderer Kleinflugzeuge wie Taylorcraft, Stinson, Ryan und Aeronca sahen sich in der Lage, das Militär zu einer Ausbildungskompanie mit Leichtflugzeugen zu bewegen. Piper lud nach mehrmaligen Versuchen Präsident Roosevelt zu einer Präsentation mit einer Piper Cub ein. Dabei ließ sich die Präsidentengattin sogar während eines Fluges in einer Cub fotografieren. Und so etwas wünscht sich eigentlich jeder Werbeberater. Eine prominente Person als indirekter Werbeträger eines Produktes. Der Erfolg blieb nicht aus! Die Amerikaner nahmen diese indirekt versteckte Werbebotschaft umgehend auf.

Am 27. Dezember 1937 gab Roosevelt bekannt, ein nationales Civilian Training-Program (CPT) zu starten. Es sollte Männer wie Frauen unter Aufsicht der Civil Aeronautics Authority (CAA später FAA) ermöglichen, kostenfrei das Fliegen zu erlernen! Auch die Colleges sollten ihren Nutzen davon haben. Es ging ja darum, möglichst viele junge Leute für die Fliegerei zu begeistern. Bessere Automatismen konnten das Marketing von Piper nicht unterstützen. So, wie schon Jahre zuvor, erwies sich die Cub, die inzwischen mit einem 65 PS-Continental ausgestattet war, nicht nur als unverwüstlich, sondern das Ausbildungsziel wurde in der Regel auch sehr viel schneller als mit anderen Typen erreicht, die ebenfalls am CPT-Programm beteiligt waren. Mit Amerikas Kriegseintritt 1941 sah sich Washington veranlasst, das äußerst erfolgreiche CPT-Programm in ein War Training Service (WTS) umzuwandeln. Frauen wurden ab sofort für die Pilotenausbildung nicht mehr zugelassen und Flugzeuge bis maximal 500 PS durften an Zivilisten weder verkauft noch vermietet werden. Es wurden vom Staat sogar alle Kleinflugzeuge aufgekauft oder auch beschlagnahmt. Die Hersteller wurden nur noch mit Material beliefert, das ausschließlich der Produktion von Kriegsmaterial diente.

Während des Krieges von Marketing zu reden, wäre weit hergeholt, dennoch dachte man bei Piper auch daran, der US Army und der US Navy den kleinen universellen und vor allen Dingen sehr preiswerten Flieger bei steigendem Pilotenbedarf erneut als Schulflugzeug schmackhaft zu machen. Doch weder Army, noch Navy zeigten sich beeindruckt. Sie hatten sich schon Jahre zuvor mit 18.000 Schulmaschinen aus der 450 PS-Klasse von Vultee (später Convair) und Boeing eingedeckt.

Dennoch stellten für Piper, die im Jahre 1941 vom U.S. Militär 5.673 georderten L-4 einen sensationellen Auftragswert dar. Diese L-4, eigentlich eine Piper J3C Cub, wurden fast ausschließlich für Artilleriebeobachtungs-, Verbindungs-, Rettungs- und Kurierflugaufgaben sowie als Fotoplattform zur Kriegsberichterstattung eingesetzt. Wie aus einer späteren Statistik der amerikanischen FAA hervorgeht, absolvierten drei Viertel aller amerikanischer Militärpiloten ihre Grundausbildung auf einer Piper Cub. Das überragendste Verkaufsargument aber war für die Cub-Flugzeuge die Sicherheit, mit der sie betrieben wurden. Die Statistik rechnete im Jahr 1941 vor, dass bei je 12.260.580 Flugmeilen nur ein einziger tödlicher Unfall zu verzeichnen war.

Und hätte Pipers Verkaufschef Strohmeier damals schon gewusst, welchen ehemaligen Privatpiloten er anlässlich eines Manövers im Flugzeug mitgenommen hatte, dann hätte er schon damals wohl dessen Flugkünste ebenfalls werbemäßig ausgeschlachtet. Denn während des Fluges ließ er ihn selber pilotieren und dazu auch noch in einem extrem engen Waldstück starten und landen, was der trotz extremsten Seitenwinds bravourös meisterte. Der mitfliegende ehemalige Privatpilot war kein anderer, als der zu Ende des Krieges in Europa erfolgreiche General und spätere U.S. Präsident, Dwight D. Eisenhower.

Die verbesserten Werbetechniken nutzen

»How to Fly«-Booklet animiert die Menschen, das Fliegen zu erlernen.

Hatte man vor dem Zweiten Weltkrieg im Zeitungsdruck noch weitgehend auf Farbdruck verzichtet, so wurde bald üppig mit Farbe gearbeitet und auch Piper sprang auf diesen Zug auf und ließ ein hübsch bebildertes Booklet erstellen. Auf 32 Seiten mit dem Titel »HOW TO FLY a PIPER CUB« wurde auf simpelste Art und Weise darin erklärt, wie so eine Cub zu steuern ist. Das Booklet »HOW TO FLY a PIPER CUB« wurde aber auch als Werbemittel unter die fluginteressierten Amerikaner gebracht.

Den Unkenrufen zum Trotz konnte Piper 1946, ein Jahr nach Beendigung des Zweiten Weltkriegs seine Produktionszahlen auf 7.773 Flugzeuge hochschrauben. Dazu kam neben der bewährten J3C Cub die neuentwickelte PA-12 hinzu, die mit 100 PS einen wesentlich stärkeren Motor sowie weitere Verbesserungen. Sektkorken knallten dann, als im Hause Piper im Mai des gleichen Jahres die Firmenleitung den Verkauf der 20.000. Maschine melden konnte.

Einbrüche durch fehlende Innovationen

So gut es aber 1946 lief, so massiv gingen die Verkäufe 1947 zurück. Wie sollte es weitergehen? Die Herausforderungen stiegen enorm. Beech und Cessna etablierten sich verstärkt am Markt, doch Piper begegnete dem noch immer erfolgsverwöhnt mit der Cub, mit genau genommenen nicht mehr ganz zeitgemäßen Modellen. Indes warteten Cessna, Mooney und Beech mit immer neueren, größeren und komfortableren Modellen auf. Diese hatten größtenteils auch schon auf Bugrad-Fahrwerke gesetzt und bei den Innenausstattungen ihrer Flugzeuge schworen sie auf höchsten Komfort! Bei Piper hingegen fehlte es an Innovationen. Man hatte sogar zeitweise auf Halde produziert und es musste erst eine Lösung gefunden werden.

Der von einer New Yorker Bank eingesetzte Firmensanierer William C. Shriver setzte sich auf Pipers Stuhl und krempelte den ganzen Laden um. Er hatte vor, die Fertigung zu straffen und fing an zu sparen, wo es ging. Der Rumpf vorhandener PA-12 Cub Super Cruiser wurde als Basis ausgewählt, doch bei den Tragflächen, so dachte Shriver rationell, könnte man Rippen sparen, die sehr aufwendig

Die 20.000. Cub wurde verkauft.

Piper Tri-Pacer mit Bugrad.

herzustellen waren und so ließ er einfach verkürzte Flächen herstellen, denen diese Rippen fehlten. Shriver steuerte das Unternehmen wieder in die Gewinnzone. Die unter seiner Regie entstandene PA-15 Vagabond erwies sich als gut verkäuflicher Flugzeugtyp.

Parallel zu den Mitbewerbern konnte sich Piper langsam wieder stärker behaupten. Weltweit entstanden Vertretungen, so auch überall in Europa. Und jedes Schulkind kannte inzwischen den Namen Piper und verband damit eigentlich jedes x-beliebige »Sportflugzeug«. Ein perfekteres Marketing konnte es nicht geben, denn die erste Frage, die ein angehender Flugschüler stellte und das auch im deutschsprachigen Raum war: »haben sie auch eine Piper«? Selbstverständlich hatte man die, denn in der Kosten-Nutzenrechnung schnitt so eine kleine 65 PS-»Kiste« relativ günstig ab. Die Ergebnisse an den Schulen waren durch die Bank positiv, auch wenn die Beherrschung eines Spornradflugzeugs im Bodenbereich deutlich mehr Fingerspitzengefühl verlangte als die später aufkommenden Bugradflugzeuge. Piper passte sich diesem Trend später mit der PA-22 an und rüstete die nachfolgenden Tiefdecker ohnehin mit Bugradfahrwerken aus. Was aber bei allen Spornradflugzeugen beibehalten wurde (bis auf wenige Ausnahmen) war die Knüppelsteuerung.

Was Piper jedoch vom Marketing her auszeichnet, ist das strikte Einhalten von Produktbezeichnungen ähnlicher Baureihen, sofern auch nur äußerlich Parallelen bestanden. Das galt insbesondere für die PA-18 Super Cub. Mit 90 PS tauchte 1949 die PA-18 Cub erstmals auf. Zu dem Zeitpunkt war William T. Piper bereits 64 Jahre alt. Doch unermüdlich erschien sein Schaffensdrang und noch spornte er seinen am Reißbrett stehenden Chefkonstrukteur Walter Jamouneaus an, einen Entwurf besser zu machen als den anderen. Beide wussten, dass die Kunden nach mehr Komfort und mehr Leistung verlangten. Nach und nach verpassten sie der PA-18 Super Cub vor allen Dingen stärkere Motoren und dank zusätzlicher Klappen verfügte die Super Cub nun sogar über STOL-Eigenschaften (Short Take Off and Landing).

Mit dieser Werbebotschaft konnte Piper verstärkt auf Kundenfang gehen, denn damit verbreiterten sich die Einsatzmöglichkeiten zusehendst. Neben einer höheren Zuladung, die auch die Verwendung von Schwimmern möglich machte, konnte man die Maschine plötzlich auch als Agrarflugzeug zum Besprühen von Feldern einsetzen, denn die Maschine war in der Lage, in Chemikalientanks 460 kg an Sprühflüssigkeit zu tanken, während das unbetankte Flugzeug selbst nur 480 kg auf die Waage brachte. Diese hohe Zuladung war ein überzeugendes Verkaufsargument und Piper-Maschinen verkauften sich in Farmer-Kreisen sehr gut.

Wie eine neue Produktlinie entsteht

Dies führte Anfang der 60er-Jahre sogar zu einem ganz speziellen Agrarflugzeug, der Piper PA-25 Pawnee, die in großen Stückzahlen bis 1983 gefertigt wurde. Die Pawnee war eine gut vermarktete Idee, die Piper seinerzeit einen weiteren sehr erträglichen Produktionszweig ermöglichte.

Die Super Cub bahnte sich durch ihre vielen positiven Eigenschaften wie von selbst ihren Weg zu den Märkten. So auch zu den Buschpiloten in Alaska, Kanada und in den Weiten Australiens. Sie alle schätzten die PA-18 Super Cub inzwischen ebenso wie der wieder aufflammende Segelflugsport in Deutschland, war man doch aus der Vergangenheit eher nur Gummiseilstarts und Windenschlepp gewohnt. Besonders in Deutschland, Österreich und der Schweiz und anderen segelflugtreibenden Nationen hat sich die Super Cub bis heute als robuster Schlepper bewährt.

1994 schließlich kam das endgültige Aus der Cub-Produktion, doch der weltweit hohe Bestand sämtlicher Cub-Typen wird dieses legendäre Flugzeug weiterhin am Leben erhalten.

Die Super Cub ist für Segelflugschlepp sehr gut geeignet.

Die Super Cub ist ein
STOL-Flugzeug.

Charakteristisch für die J3C sind die Lufthutzen über den außenliegenden Zylindern. Dadurch kann die Cowling sehr schmal gehalten werden.

Motoren für die Cubs

Die klare Linienführung des Cub-Rumpfes verlangte eigentlich von Anfang nach einem Boxer-Motor. Es hatte auch keine fünf Jahre gedauert, bis das Trio Taylor, Jamouneau und Piper dies erkannten. Die Anfänge aber waren schwer. Fast hätte es das ganze Firmen-Projekt zum Scheitern gebracht. Die Auswahl an Motoren war Ende der 20er-Jahre ungleich höher als heute, weil sich viele kleine Firmen mit der Herstellung von Flugmotoren beschäftigten. Darunter den richtigen Motor zu finden, war schwer.

Mit dem Cub-Vorläufer, der Chummy, versuchte sich Taylor unter anderem auch mit einem 125 PS Siemens-Halske SH-12, sowie einem 90 PS-Motor der italienischen Firma Anzani. In der B2-Version fand sich dann auch mal ein amerikanischer 100 PS Kinner-Motor. Doch starke Motoren waren teuer. Piper beobachtete daher die »Motoren-Spielereien« von Taylor mit einem sehr kritischen Auge und ihm war klar, dass ein wesentlich leichteres und ein schwächeres Triebwerk in die Neukonstruktion, der E2, eingebaut werden sollte. Dies ist im Kapitel Geschichte bereits beschrieben.

Ein zu schwacher Motor gab der »Cub« den Namen

Eine erste Auswahl fiel dabei auf den nur 20 PS Brownbach-Tiger Kitten, einem Zweizylinder-Reihenmotor, der zwar mächtig lärmte, das Flugzeug aber kaum nach vorne, geschweige denn in die Luft bewegte.

Ein 50 PS Lenape Papoose-Motor, designed by Frank Boland. Ken Kress und Glenn Englert flogen 1938 mit diesem Motor in einer Piper Cub in fast 64 Stunden Non-stop von Newark nach Miami.

Brownbach Tiger Kitten

Doch wie bekannt wurde, erhielt dadurch das Flugzeug die Bezeichnung »Cub«. Das war im September 1930. Kurz darauf wurde der Motor vorübergehend gegen einen französischen 40 PS-Salmson D-9 ausgetauscht. Die im direkten Luftstrom liegenden Sternmotoren hatten den Vorteil, dass jeder Zylinder im Betrieb auf die absolut gleiche Temperatur gekühlt wurde. Émile Salmson hatte in Paris aus einer kleinen Werkstatt zwar eine profitable Motorenfabrik entwickelt, die später auch sehr bekannte Kraftfahrzeuge fertigte, doch früher wie heute konnten sich die amerikanischen Mechaniker einfach nicht mit dem metrischen Maßsystem, nach dem die Motoren gebaut wurden, anfreunden. Auch fügte sich der Sternmotor nicht besonders elegant in die schlanke Rumpfkonstruktion. Gilbert C. Taylor testete in der F2 auch einen anderen amerikanischen Flugmotor, den Dreizylinder-Aeromarine Sternmotor AR.3-40 mit 40 PS. Doch dieser lief zu rau, wie auch später bei der J3 Cub der Lenape Papoose-Motor, ebenfalls ein Dreizylinder-Motor, welcher sich leider schon in der Anfangsphase als unerhörter Schüttler erwies. Der Papoose-Motor erhielt zwar später sogar als erster Flugmotor eine Vergaser-Vorwärmung, doch da hatte man sich längst auf eine andere Marke festgelegt.

Continental Motors Corporation wird erster Motoren-Hauptlieferant

In Muskegon/Michigan, befand sich eine andere Motorenfirma, die Continental Motors Corp., die schon seit 1905 Automotoren herstellte und aufgrund ihrer Kompetenz in Detroit ein Zweigwerk ausschließlich für die aufstrebende Kraftfahrzeugbranche gründete. Auch Continental fertigte inzwischen einen Motor in einer ähnlichen Leistungsklasse und zwar einen Vierzylinder-Boxermotor mit 37 PS. Von einem stärkeren Sternmotor hatte man sich zunächst gelöst, weil man auch auf die Leichtflugzeugindustrie setzte.

Dieser neue Motor fiel durch seine kompakte Bauweise auf. Er war leicht und preiswert. Ganz ohne Probleme war aber auch der Flugmotoren-Neuling Continental nicht. Bei ihren neuentwickelten Flugmotoren traten teilweise Gehäusebrüche in den ersten Chargen auf; die Gusstechnik steckte noch in den Kinderschuhen. Die Leistung konnte nach Beseitigung der Gehäuseprobleme leicht erhöht werden und es entstand der A-40 mit 40 PS. Die Kontinuität in der Fertigung der Flugmotoren schien bei Continental

Vierzylinder Continental-Boxermotor

ihre Früchte zu tragen. Auch andere Hersteller bemühten sich um Continental-Flugmotoren. Dadurch erhöhten sich die Fertigungszahlen.

Die aus der E2 weiterentwickelt und mit wesentlich neuen Konstruktionsmerkmalen ausgestattete J2 Cub erhielt zunächst den 40 PS-Motor, der gerade mal mit 4,5 Gallonen Sprit pro Stunde zufrieden war. Es muss berücksichtigt werden, dass zur damaligen Zeit das Benzin extrem billig war und dass man das mit einem heutigen 80 PS-Rotax Motor nicht vergleichen darf, der bei doppelter Leistung etwa den gleichen Treibstoffverbrauch hat.

Ein Stahlrohrrumpf für 40 PS bis 180 PS

Durch die Verwendung einer festeren Stahlsorte für die Rumpf-Stahlrohrkonstruktion war auch die Aufnahme stärkerer Triebwerke möglich. Das war der »Feinarbeit« des neuen Ingenieurs Walter C. Jamouneau in dem jungen Unternehmen zu verdanken, das Anfang der 30er-Jahre noch den Namen der Taylors trug. Es war der Beginn der späteren J3 Cub zu einem fast unaufhaltsamen Höhenflug und es war die eigentliche Geburtsstunde der Cub-Legende! Sie bekam noch im Oktober 1937 ihre Zulassung.

Continental stellte zwar 1936 nochmals mit dem A-70 einen Sternmotor größerer Leistung vor, konzentrierte sich aber aufgrund der immer größeren Bestellungen auf die Entwicklung noch stärkerer Flugmotoren auf Basis des Boxer-Prinzips. 1940 entstand der A-65, eine 65 PS-Version mit vier Zylindern, der die L-4, die militärische Version, bekannt machte. Zuvor, im Jahr 1938, folgte nach dem erfolgreichen A-40 der A-50, ebenfalls mit vier Zylindern mit 50 PS, der auch in der J3 sowie bei anderen Mitbewerbern der Flugzeughersteller Verwendung fand und nicht zuletzt auch in der J4, Pipers erstem Side-by-side Doppelsitzer.

Vierzylinder-Boxermotoren für alle Cub-Modelle

Die Vierzylinder-Boxermotoren blieben auch bei den späteren Modellen wie PA-11 und Pa-12 und selbst bei der PA-18 Super Cub mit bis 150 PS erhalten, doch Continental entwickelte sich auch weiter. 1945 entstand ein erster Sechszylinder-Motor für die Beechcraft Bonanza. 1960 bot man bereits Motoren mit Einspritzung und Turbolader an. Bleibt noch zu erwähnen, dass die Flugmotoren-Fertigung später nach Mobile in Alabama umzog und von Teledyne übernommen wurde. 2011 wurde Conti an ein chinesisches Konsortium verkauft. Diese Gruppe kaufte auch 2013 die deutsche Firma Centurion, die sich von Anfang an ausschließlich auf Dieseltriebwerke konzentriert hatte. Die alte Firmenbezeichnung Continental Motors Inc. bleibt aber weiterhin erhalten, wie auch das gesamte Servicenetz. Hoffen wir, dass die finanzkräftigen Chinesen neue Produkte entwickeln können.

Motorenvielfalt macht die Flugzeuge interessanter

Mit der berühmten J3 wurde auch für kurze Zeit der schon zuvor zitierte Lenape Papoose Motor mit 50 PS als Piper J3P-50 Cub angeboten. Die Nachfrage aber war gering, obwohl dadurch das Flugzeug etwas billiger verkauft werden konnte. Zu den weiteren Motorenanbietern zählten außerdem Franklin. In den Typbezeichnungen stehen die Anfangsbuchstaben der Motorenhersteller-Firmen wie C Continental, F für Franklin, P für Papoose und L für Lycoming. Danach folgte immer die Leistungsangaben in Horsepower (HP), was grob etwa unseren PS entspricht.

Konstruktion bei Lycoming.

Motorenprüfstand bei Lycoming in den 30er-Jahren.

Lycoming O-320

Lycoming (L) kam als Hersteller erstmals 1938 mit Piper ins Geschäft. Die Firma startete erst 1928 die Flugmotoren-Entwicklung und stieg gleich mit einem bullenstarken Sternmotor in das Luftfahrt-Geschäft ein. Zuvor baute man ebenfalls nur Motoren für die Kraftfahrzeugindustrie. Doch erst 1933 wurde die Abteilung für Flugmotoren offiziell gegründet. Das erklärt auch, weshalb Piper erst sehr viel später auch Lycoming-Flugmotoren, die ebenfalls als Vierzylinder-Boxermotoren konzipiert waren, mit ins Programm nahm.

In der J5 erstmals Lycoming-Flugmotoren

Die J5 schien für den O-235 wie geschaffen. Er konnte mit einer Cowling vollverkleidet werden, was selbst mit den schwächeren Continentals bei den J3C und den L-4 noch nicht möglich war. Die US Navy bestellte bei Piper 100 Maschinen des Typs J5C Cub, die mit der militärischen Bezeichnung HE-1 geführt wurde und dort hervorragende Dienste versah. Mit ihren 100 PS wies sie sogar STOL-Leistungen auf. Das Flugzeug wurde in den Jahren 1942/43 bei Piper gefertigt. Der Nachfolgeauftrag mit einem 125 PS-Motor mit über 845 Einheiten kam aber nicht mehr zustande.

Die Lycoming-Flugmotoren drängten auch bei den anderen Flugzeugherstellern immer stärker vor, was sich auf höhere Fertigungsstückzahlen auswirkte. Die Konkurrenz zwischen den beiden führenden Markennamen führte zu einer höheren Zuverlässigkeit ihrer Triebwerke.

Bei der PA-12 Cub Super Cruiser stieg Lycoming vollends bei Piper ein. Der O-235 C mit 100 PS wurde, obwohl auch andere Alternativen möglich waren, das Standard-Triebwerk dieses eigentlichen PA-18 Super Cub-Vorgängers. Die C1-Version wurde auf 115 PS »aufgemotzt«. Mit fast 1.500 Einheiten verkaufte sich dieses Flugzeug dann nicht schlecht.

Als 1949 die Piper PA-18 Super Cub auf den Markt kam, fasste Lycoming auch Fuß bei den Family Cruisern und setzte ganz klare Zeichen hinsichtlich der weiteren Super Cub-Motorisierungen. Dazu wurde eine ganze Motorenreihe von 105 PS mit dem O-235 C1 bis hin zum 180 PS-Kraftpaket Avco Lycoming O-360 angeboten.

Der erstmals optional angebotene Metall-Verstellpropeller sollte ab der 135 PS-Version 1952 dann weitere Möglichkeiten für dieses »Arbeitsflugzeug« eröffnen. Ab 1955 kam eine sehr weit verbreitete 150 PS-Version hinzu.

Lycoming O-320.

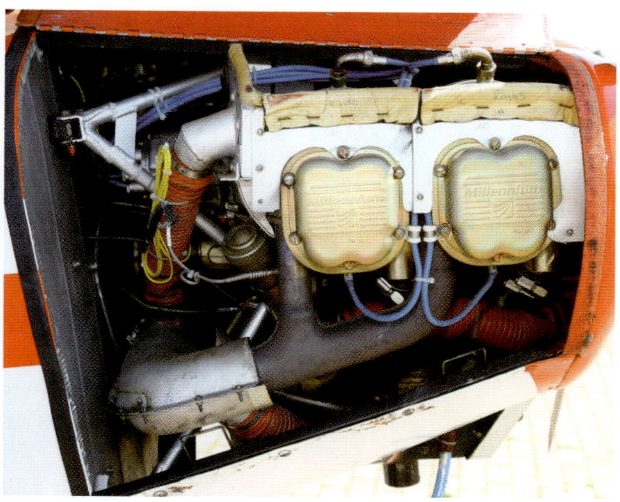

Lycoming O-320 mit Millennium-Zylinder.

Sie trug die Lycoming-Serienbezeichnung O-320. Die 150 PS-Version brachte es locker auf 960 ft Steigen pro Minute (Vergleich: J3C-65 Cub nur 450 ft pro Minute!).

Ein Kraftpaket mit 180 PS

Die noch stärkere 180 PS-Version war aber nur durch Umrüstung möglich, was besonders im Outback gefragt war. Die Schweizer rüsteten sehr viele der Cubs für die ganz spezielle Gletscherfliegerei um. Den Umstand verdankte man vor allen Dingen auch den soliden Rumpfkonstruktionen der J3, L-4, L-21, die schon bei

PA-18 Super Cub mit 180 PS.

ihrer Grundauslegung für stärkere Triebwerke gedacht waren und nur wenige Rumpfmodifikationen erfordern. Noch heute nehmen viele Spezialfirmen, besonders in Alaska, die Motorenumrüstungen vor.

Der Erfolg dieser Motoren konnte in den Typen PA-20 und Pa-22 ebenso fortgesetzt werden wie in allen anderen ein- und zweimotorigen Piper-Flugzeugen. 1986 kaufte Textron das Unternehmen auf und erweiterte das Programm wie schon zuvor nicht nur auf Sechszylinder-Motoren, sondern auch um Turbinen für andere Flächenflugzeuge und Hubschrauber.

Der Vollständigkeit halber sei auch erwähnt, dass Cub-Flugzeuge, vor allen Dingen die Super Cub, auch in Einzelstücken mit Propellerturbinen und zuletzt auch mit umgebauten Volkswagen-Dieselmotoren jeweils als Einzelstücke in die Luft gekommen sind. Wegen der reinen Experimental-Zulassung und des damit verbundenen nichtkommerziellen Gebrauchs, machen solche Entwicklungen aber wenig Sinn, auch wenn im Fall eines Dieseltriebwerks ein Halter deutlich Spritkosten sparen kann, weil alle amerikanischen Flugmotoren aufgrund ihres großen Hubraumes als »trinkfreudig« bekannt sind.

Eine »Carbon« Cub von Cub Crafters mit einer Rauchanlage für beeindruckende Show-Einlagen.

Repliken, Imitate, Derivate und Modelle

Wer alles von dem einstigen Piper-Boom profitiert

Also mal ehrlich, was gut ist, muss doch nicht neu erfunden werden! Es steht wohl außer Frage, dass Clarence Gilbert Taylor, den für den Kleinflugzeugbau genialsten Entwurf mit seiner damaligen Taylor E2 in die Tat umsetzte. Sein später zusätzlich beschäftigter Ingenieur Walter Jamouneau hat, so weiß man heute, im Auftrag von William Piper die Grundidee von Taylor im Prinzip nur verbessert. Sein Entwurf: die J3C Cub.

Auch wenn Piper erst sehr viel später auf Drängen seiner Mitarbeiter mit der J4 Cub Coupe auf eine Side-by-Side-Version einschwenkte, so war diese den späteren Taylorcraft-Modellen sehr ähnlich. Clarence Taylor brachte nämlich nach seiner Auseinandersetzung mit Piper in seinem neugegründeten Unternehmen unmittelbar danach ein Side-by-side Doppelsitzer heraus. Dennoch ließ sich Taylor noch einmal kurz vor Beginn des Krieges bewegen, einen Tandem-Zweisitzer zu bauen, der von der J3C Cub kaum zu unterscheiden war. Die Armee bestellte Taylors Taylorcraft Modell D in 1.950 Einheiten als L-2 »Grasshopper«, doch damit stand Taylor bereits im Schatten von Pipers Erfolgen.

Die Taylorcrafts

Hätte Taylor damals der Armee-Forderung nicht entsprochen, wäre es wahrscheinlich auch nicht zu dem Auftrag gekommen. Auf dem zivilen Sektor konnte Taylor auch nicht annähernd so viele Flugzeuge absetzen wie sein insgeheimer Mentor. Die Taylor-Flugzeuge waren in vielen Details immer eine Idee besser als die Piper-Flugzeuge, doch sie waren auch teurer und das war Pipers Trumpfkarte. Taylorcraft wird aber bis in die heute Zeit in Brownsville in Texas weitergeführt. 1965 kaufte das Ehepaar Feris die inzwischen abgewirtschaftete Firma von Taylor, der nie den Durchbruch geschafft hatte, trotz seiner bequemeren Flugzeuge. Dazu gehörten die F-19 Sportsman mit dem 100 PS Continental O-200, die aus der BC-12-D entwickelt wurde oder später auch der Viersitzer F-20 Model 20 Ranch Wagon, mit dem 225 PS Continental O-470-J.

Die Firma wechselte ebenso wie bei Piper mehrfach seine Besitzer, wobei der Firmenname immer erhalten blieb, auch als Piper sein Werk in Lock Haven geschlossen hatte und die Taylorcraft Corporation in die alten Piper-Gebäudes Gebäude umzog, um dort für einige Jahre Taylorcraft-Flugzeuge zu produzieren.

Auster und Aeronca

Bereits 1938 führte ein Lizenzvertrag zur Taylorcraft Aeroplanes Limited in England, aus der später die Auster Aircraft entstand. Auster Aircraft fertigte teilweise auch für das englische und kanadische Militär ca. 3.600 Auster in verschiedenen Versionen mit einem Reihenmotor, der dem Flugzeugtyp sein charakteristisches Aussehen verlieh. Später erfolgte die Integration in Beagle Aircraft. Als Beagle Terrier wurden 46 Einheiten gebaut, bevor auch dort 1966 das Aus für diesen Typ kam.

Clarence Gilbert Taylor starb im März 1988, mit 89 Jahren, in Houston, Texas. Seine revolutionäre Idee lebte aber auch in anderen Flugzeugkonstruktionen zweitweise auch parallel weiter. Da gab es die Aeronca, eine Hersteller in den USA, der sich stark an die Taylor-Entwürfe anlehnte und die zwei- und viersitzige Maschinen in Side-by-Side-Konfiguration herstellten. Mit dem Modell Champion entstand daraus die Champion Aircraft Corporation und danach die Bellanca Aircraft Company, ein wechselvolles Hin- und Her. Immerhin wurden bei Aeronca in guten Zeiten über 17.400 Maschinen gefertigt!

Taylorcraft-Model F 19C

Auster Mark V, eine aus der Taylorcraft B weiterentwickelte Version, die in England bei Taylorcraft Aeroplanes Ltd. für das Militär gefertigt wurde. Diese Variante erhielt einen Lycoming-Boxermotor im Gegensatz zu den späteren Gipsy Major-Reihenmotoren.

Das modernisierte Cockpit der Auster ist bis auf den Kompass mit Umlenkspiegel leider nicht mehr original.

Eine Aeronca Chief im extremen Seitengleitflug. Just for fun.

American Champion bietet ein vielseitiges Programm

Die heutige American Champion Aircraft Company produziert mit der Champ, Aurora, Scout, Adventure, Explorer und Super Decathlon ein umfangreiches und sehr interessantes Programm an Spornradflugzeugen für die unterschiedlichsten Einsätze zu sehr vernünftigen Preisen. So kostet beispielsweise die Champ mit 100 PS-Motor gerade einmal 120.000 US Dollar. Die Super Decathlon gibt es neuerdings auch als X-treme mit dem neuen IO 390-A 1B-Motor und satten 210 PS.

American Champion bietet in seinen Maschinen nicht nur eine sehr geräumige Kabine, sondern auch einen guten Einstieg.

Modernes, übersichtliches Panel.

American Champion Scout mit Schwimmern.

Die High Country Explorer ist mit 180 PS ideal für die Berge.

Ganz rechts: »Back to the Roots« Die ACA Aurora bietet viel Flugspaß mit 118 PS.

Die Super Decathlon ist auch in Europa als als Kunstflugtrainer sehr beliebt.

Wag Aero

Es gab aber später auch direkte Piper-Kopisten, wie etwa Dick Wagner, der mit dem Wag-Aero Sport Trainer, dem Wag Aero Sportmann 2+2 und der Wag Aero Vagabond, die der Piper PA-15/17 zum Verwechseln ähnlich sah und mit Piper indirekt in Konkurrenz trat. Er sprach aber in erster Linie die EAA-Mitglieder an, die die Maschine im Eigenbau flugfertig machten.

Dazu stand an erster Stelle eine ziemlich direkte Kopie der Piper J3C, die unter anderem über ein um 100 kg höheres Abfluggewicht verfügte und durch die größeren Tanks auf fünf Stunden Flugdauer kam. Möglich wurde das durch bessere Materialien, die Wagner für seine Konstruktion einsetzte und die dadurch auch höher belastbar waren. Der Trainer wurde sogar in verschiedenen Varianten angeboten. So auch als Piper L-4-Kopie mit Motoren bis zu 150 PS. Die Wag Aero Sportmann 2+2 war ein Kopie des Piper PA-14 Family Cruiser, wobei neben den Detailverbesserungen der gesamte hinter Rumpfteil aufklappbar war. Seine Vagabond Traveller war gegenüber Pipers Vagabond ebenfalls in vielen Details verbessert. Schlitzohrig wie er war, bot er die Bausätze seiner J3C Kopie als CUBY, bzw. später als Wag-Aero-Trainer erst an, als Piper die Produktion eingestellt hatte. In einem Disclaimer erklärte er sogar ausdrücklich »Wag-Aero is not connected with Piper Aircraft Corporation. Parts shown are neither manufactured by, purchased from, nor guaranteed by Piper«. Mit diesem Widerruf entzog er sich auch geschickt möglichen Anwaltsattacken seitens Piper.

Wag Aero ist ein in Lyons, Wisconsin, der Nähe von Oshkosh angesiedeltes Unternehmen mit eigenem Flugplatz, das in den 60er-Jahren gegründet und 1995 an die Viking Aero Manufacturing veräußert wurde, wo nach wie vor Bausätze der drei Basistypen Sport Trainer, Wag-A-Bond und Sportsman 2+2 mit unterschiedlichen Motorvarianten ausgeliefert werden. Die Zweisitzer können auch bei uns als Experimental nachgebaut und zugelassen werden, wo hingegen der Viersitzer von unseren Behörden nicht zugelassen wird. Inzwischen wirbt das Unternehmen auch damit, dass es sich bei den drei Basistypen um Piper-Replicas handelt. Eine FAA oder EASA-Zulassung gibt es dafür nicht.

Die Wag Aero kann bei uns als Experimental-Flugzeug gebaut werden.

Legend Cub und Cub Crafters, die Newcomer

Unter dem Slogan »Low and slow« wirbt eine andere amerikanische Firma für seine Legend Cub, ebenfalls eine Replica der J3C und PA-11, flugfertig als LSA für 124.900 bzw. 128.900 Dollar. Und für 146.800 Dollar bekommt man sogar die »AL18 SUPER LEGEND CUB«, die der PA-18 Super Cub entspricht. Für Fans, die die Originalität lieben, sei vermerkt, dass American Legend Aircraft Company ihre Maschinen sogar im Military-Look als »Legend Combat Cub« ausliefert. Das Unternehmen ist in Sulpur Springs bei Dallas angesiedelt. Die Zulassung als LSA garantiert dem Unternehmen durch seine Weitsichtigkeit auch in Sachen Zulassung neue Märkte. In Europa ist die American Legend Aircraft Company aber noch fast unbekannt und besitzt auch noch keine EASA-Zulassung.

Ganz im Gegensatz zu American Legend drängen Cub Crafters aus Yakima, Washington, auf den europäischen Markt und dies auch bereits mit EASA-Zulassung! Nach der erteilten Zulassung präsentierte sich der in Irland und Polen ansässige Vertreter »Directsky« erstmals auch einem breiteren Interessentenkreis auf der Luftfahrtmesse AERO. Dabei setzt man bei Cub Crafters nicht ganz so sehr auf Originalität, sondern in erster Linie auf den Spaßfaktor, den man mit Ihren Maschinen, die es sowohl flugfertig als auch als Bausatz gibt, mit Sicherheit voll auskosten kann. Die Maschinen, die auf Wunsch sogar mit Glas-Cockpit ausgestattet werden, weisen nur die Grundzüge der Tandem-Cubs auf, sind aber bereits in ihrem Aufbau mit CAD entwickelt worden.

Jim Richmond hatte sein Unternehmen Cub Crafters erst 1980 gegründet, eine Zeit, als Piper die PA-18 noch im Programm hatte. Doch seine Philosophie ging von anfangs nur in die Richtung Cubs zu modifizieren und Detailverbesserungen durchzuführen. Dies aufgrund seiner Erfahrungen, die er selber in Alaska im harten Buscheinsatz machte. Was er wollte, war eine Cub, die stärker, sicherer und leichter zu fliegen war. Daraus entstand 1997 die Top Cub. Wie er später berichtete, war die Reaktion unter den Piloten sensationell.

Richtig in Serie ging er mit der 100 PS starken Sport Cub. Ihr folgte dann die 180 PS-Carbon Cub. Entgegen ihrem Namen ist sie zwar nicht vollkommen aus Carbonfasern hergestellt wird – der Stahlrohrrumpf wird nach wie vor beibehalten – doch man kann die komplett computerentwickelte Maschine wohl schon als den Hit unter allen

American Legends Combat Cub

American Legend Cub, hier mit schweren amphibischen Floats.

Carbon Cub im Rohbau, doch Vorsicht! Nicht alles ist aus Carbon.

Eine Carbon Cub von Cub Crafters mit Tundra-Reifen.

Piper-Replicas ansehen. Allein die Zuladung beträgt stolze 464 kg! Sie erfüllt durch ihre extreme Steigfähigkeit und ihre beachtliche Zuladung alle Anforderungen der Arbeitsfliegerei in abgelegenen Gebieten, was durch die optional nachrüstbaren, übergroßen Ballonräder noch unterstützt wird. Serienmäßig gibt es zu der Maschine den extrem hohen Spaßfaktor, der inzwischen von vielen Besitzern besonders hervorgehoben wird.

Mit einer Startfähigkeit innerhalb von nur drei bis fünf Flugzeuglängen und 2.100 ft/min Steigleistung ist die Carbon Cub EX fast unschlagbar in ihrer Klasse. Augenfälligstes Merkmal ist die aus Carbon gefertigte Cowling, die zwei ausgeprägte, breite Lufteinläufe besitzt und dadurch dem 180 PS starken CC340 von Titan optimale Kühlung gewährt. Der Motor ist in Europa noch relativ unbekannt: Er bringt gerademal 113 kg auf die Waage, hat eine TBO (Time Between Overhaul) von 2.500 Stunden und der Spritverbrauch soll bei weniger als 20 Litern pro Stunde liegen. Das sind beeindruckende Werte!

Die Aviat Husky, eine gute Alternative

Die Husky's von Aviat Aircraft aus Afton, Wyoming, sind mit dem hier in Europa stark verbreiteten Lycoming O320-Triebwerk ausgerüstet. Aviat fertigt unter anderem auch die Eagle und Pitts. Als angedachte Replica zur Cub ist die Husky entstanden, leicht zu erkennen an ihren eckigen Flügelenden. Sie eroberte gleich nach ihrem Erstflug 1986 die amerikanische Buschfliegerszene und schon ein Jahr später auch die Herzen der europäischen Privatflieger, weil sie nicht nur relativ preiswert, sondern als voll zugelassenes neues Flugzeug in der E-Klasse angeboten wurde. Sie ist mit 180 PS und Verstellpropeller in nahezu allen Leistungsparametern der Piper PA-18 Super Cub überlegen. Auf Grund der hohen Motorleistung eignet sie sich hervorraghend als Floatplane, oder mit Ski für den Gletscherflug. Weltweit sind zahlreiche Maschinen dieses Typs im Einsatz. Allein in Deutschland fliegen ca. 35 Maschinen. Davon besitzen momentan sieben Skier, sodass diese selbstverständlich auch bei vielen Ski- und Gebirgsfliegertreffen vertreten sind.

Die Husky kann aber auch mit dem 200 PS Lycoming

Christen Husky A1 mit Skiausrüstung beim Sunsetflug über der verschneiten Schwäbischen Alb.

Das moderne Cockpit einer Aviat Husky A1B.

200 PS-Husky A1B

IO-360 A1D6 geordert werden. Durch ihre von der Seite zu öffnenden Ladeluken hinter dem Rücksitz lässt sich zusätzliches Gepäck bequem verstauen. Möglichkeiten, die der J3C und den Super Cubs verwehrt blieben, weil diese Optionen schon konstruktiv nicht so vorgesehen waren. Als zusätzliche Sicherheitsausrüstung bietet Aviat Aircraft aber als einer der ersten Leichtflugzeughersteller zertifizierte Airbags an. Die in einem Fünfpunkt-Gurt integrierten Airbags bieten einen zusätzlichen Schutz besonders bei harten ungewollten Landungen, oder gar Überschlägen im Outback. Gerade weil die Husky so viel Extras zu bieten hat, ist sie bei den verschiedensten Unternehmen, denen eine kleine, robuste und zuverlässige Arbeitsmaschine reicht, besonders beliebt. Das kann weder ein LSA-Flugzeug noch ein Ultraleichtflugzeug bieten!

Ein tschechischer Italiener: Savage

Nichtsdestotrotz hat sich ein mit fast 300 Einheiten produziertes Produkt aus Tschechien als sehr preiswerte Alternative mit einem 100 PS-Rotax-Motor in den Vordergrund der Verkaufsstatistiken gearbeitet. Bei Zlin Aviation in Napajedla baut der Italiener Pascal Russo eine nur leicht verkleinerte Super Cub als Ultraleichtflugzeug unter dem Typbezeichnung Savage nach, unweit von Zlin, der Stadt, in dem der tschechische Leichtflugzeugbau früher zuhause war. Die Vorgeschichte war, dass die drei Ingenieure Bonaldo, Franchini und Vizzini sich 1997 an den Entwurf dieses Flugzeugs machten und die ersten Flugzeuge schon 1998 ausgeliefert werden konnten. Das Flugzeug wurde unmittelbar von hohen Auszeichnungen bedacht, was die Nachfrage anheizte, denn die Italiener hatten in ihrer damaligen Armee ebenfalls Piper L- 4.

Weil aber selbst in Italien die Arbeitskräfte zu teuer waren, zog man mit der Fertigung nach Tschechien. Dort konnte man zum Teil noch auf ehemalige Mitarbeiter von Moravan und LET-Aircraft Industries zurückgreifen, weil diese Firmen den Anschluss an die westlichen Märkte ver passt hatten. Die Entscheidung erwies sich als goldrichtig. Tom Huber, Zimmermann von Beruf, nutzte die Gunst der Stunde und bewarb sich als inzwischen begeisterter UL-Pilot und Fluglehrer um die deutsche Vertretung, baute sich einen Flugplatz mit Halle nahe dem Ammersee und zog zudem eine Flugschule auf. Allein 50 Flugzeuge verkaufte Huber an seine deutsche Kundschaft. Und mit spektakulären Aktionen macht er immer wieder von sich reden. So im Jahr 2008, als er als einziger Pilot auf der Zugspitze mit der Savage landete, was vorher nur Udet und der Burda-Staffel zuteil wurde. Ebenso landete er spektakulär auf einem Lastwagen und zieht in Italien Wakeborder hinter sich her. Tom Huber versteht es, sich zusammen mit Zlin Aviation auch auf den bedeutenden Veranstaltungen locker in Szene zu setzen. Es werden immer wieder Varianten der Savage, wie etwa die Savage Bobber, ein im hinteren Rumpfbereich total offener Flieger, vorgestellt. Ursprünglich sicher nur für die Sahara-Region gedacht, findet er auch in unseren Gefilden an heißen Tagen seine Anhänger. Ebenso die etwas elegantere Savage Cruiser für lässiges Cruisen, oder die Savage Cub als direkter Piper-Ersatz. Eins haben jedoch alle Typen gemeinsam. Sie kosten nur um die 60.000 bis 70.000 Euro und liegen dabei fast nur bei einem Drittel gegenüber E-Klasse Flugzeugen ähnlicher Bauart. Und damit einem der Spaß auch beim Tanken nicht vergeht, begnügt sich der Rotax bekanntlich mit Tankstellen-Super anstatt des fast doppelt so teuren Avgas 100 LL.

Erfolgsmodell Savage

Ein großer, bequemer Einstieg bei der Savage.

Ganz links: Savage mit Rotax.

Stunt geglückt! Savage-Importeur Tom Huber hat weich aufgesetzt, seine Frau Hilde hält im Lastwagen exakt die erforderliche Geschwindigkeit.

Hier ist absolute Präzision und ein hervorragendes Fluggefühl gefragt.

Mitläufer Koala und J-3 Kitten

Im Schlepp der erfolgreichen Kopien finden sich in der Ultraleicht-Szene immer wieder kleine Hersteller, die vom großen Kuchen auch gerne ein Stück abbekommen möchten. Da wäre die Firma Fisher Flying Products in South Wehster/Ohio, die den kleineren FP 202 Koala herstellt. Was bei den Kunden sehr pfiffig ankam, war der Koala-Bär auf dem Leitwerk der FP 202 Koala. Ein simpler Werbegag gegenüber des allseits bekannten Braunbärchens auf den Original Cubs. Die Koala fand auch in Deutschland einige Anhänger. Zu erwähnen wäre auch die J-3 Kitten des französischen Herstellers Filcoa Aero aus Le Poet in Frankreich, die bei unseren Nachbarn verständlicherweise sehr gerne geflogen wird.

Der Einsitzer FP 202 Koala ist eine gelungene, verkleinerte Replika aus Holz.

In Tschechien wird in kleinen Stückzahlen die Tulak TUL 02 bei Podešva Air gefertigt, die ebenfalls als reines UL konstruiert wurde. Eine ebenso schöne, wie auch sehr sichere Konstruktion, die Österreichs HB-Flugtechnik zusammen mit HB-Kitplane im oberpfälzischen Neumarkt sowohl als Rohbausatz ab 15.500 Euro ohne Motor, oder flugfertig mit einem australischen Jabiru-Motor mit 80 PS ab 55.000 Euro vertreibt. Neben dem Jabiru sind auch der Limbach-, Sauer-, Rotax- oder auch ein BMW-Motor möglich. Die Konstruktion, die in den meisten Details der Original Piper J-3 C gleicht, ist im Maßstab 1: 0,8 konstruiert worden. Der Vorteil dieses Flugzeugs, wie auch das der anderen Ultralights liegt darin, dass ein Fallschirmrettungssystem, das die E-Klasse Flugzeuge ja nicht besitzen, für den Fall der Fälle blitzschnell zum Einsatz kommen kann. Podešva Air gehört ganz nebenbei zu den Betrieben, die die meiste Erfahrung weltweit mit Replicas in verkleinertem Maßstab im Programm haben und die auch fast alle in Deutschland zugelassen sind.

Ordner-Piper mit einem VW-Dieselmotor.

Die Tandem-Tulag gibt es auch als Kit zum Selbstbauen. Rein äußerlich ist sie von einer Cub kaum unterscheidbar, aber die Größe macht's.

Auch die komplett aus Metall gefertigte Trial des italienischen Konstrukteurs Nando Groppo kommt der Cub sehr nahe. Sie gibt es sowohl als Kit, als auch fertig gebaut vom Importeur Ronny Schäfer.

Modelle für kleine Geldbeutel

Wer‘s noch kleiner liebt aber selbst nicht in einen Flieger einsteigen möchte und dafür lieber einen Sender in die Hand nimmt, ist mit einem der unzähligen Bausätze oder Fertigmodelle gut beraten. Von 60 cm Spannweite bis 4 m ist so gut wie alles drin. Und es gibt fast keinen Modellbau-Hersteller, der nicht eine J3 C oder PA-18 Super Cub im Programm hätte. Genau genommen zählen die Cubs zu den beliebtesten Flugmodellen mit Benzin- oder Elektromotor überhaupt. Darunter auch Varianten wie die Clipped Wing oder als Schlepper für Segelflugmodelle. Nur noch wenige Anbieter liefern echte Bausätze oder ausschließlich Baupläne für den klassischen Flugmodellbau. Die führenden Modellbaufirmen wie Multiplex, Graupner, Pichler, Robbe, Aeronaut, Toni Clark, Horizon, E-Flite, Flyzone, Planet Hobby, um nur einige zu nennen, fertigen größtenteils schon selber nicht mehr, sondern lassen die Modelle im großen Stil in Fernost, insbesondere in China, fertigen. Daraus ist eine gigantische Industrie geworden. Haben z.B. früher Firmen wie Graupner oder Multiplex ihre Baukästen mit Balsabrettchen und -Leisten bestückt, die mühsam mit Kleber zusammengefügt werden mussten, so haben dies flinke Hände bereits zu einem Ganzen zusammengefügt. Größere Modelle entstehen in Faserverbundbauweise und detailgetreu, ebenso wie die ultraleichten Nachbauten aus Schaum. Einer der allergrößten und extrem preiswerten Anbieter ist Hobbyking, die von Hongkong aus primär den europäischen und amerikanischen Markt bedienen. Allein 19 verschiedene Piper Cub-Typen bietet der Versender auch von seinen europäischen Verkaufslagern aus von 40 Dollar bis 190 Dollar an. Auch daran lässt sich feststellen, wie ungebrochen die Liebe zur Piper Cub ist. Tatsächlich eine Legende, die auch mit den Flugmodellen ungebrochen weiterlebt.

Diverse Piper-Modelle als Bausatz.

Ein schönes Scale-Modell auf Floats.

Anhang

Technische Vergleichsdaten aller High-Wings

Flugzeugtyp	Spannweite	Länge	Höhe	Flügelfläche	Sitze	Leermasse	Zuladung	Abflugmasse	Tankvolumen	Hersteller
Taylor Arrowing	10,36 m	6m 42s	2,28 m	k.A.	2	430 kg	226 kg	673 kg	106 l	Anzani/Ryan-Siemens
Taylor Chummy	10,36 m	6,70 m	2,28 m	k.A.	2	490 kg	254 kg	745 kg	91 l	Kinner K-5
Taylor E-2 Cub	10,74 m	6,78 m	1,98 m	17,10 m^2	2	252 kg	188 kg	440 kg	34 l	Continental A-40-2
Taylor J2 Cub	10,74 m	6,78 m	1,98 m	17,09 m^2	2	241 kg	178 kg	419 kg	34 l	Continental A-40-2
Piper J3C-40 Cub	10,74 m	6,78 m	2,03 m	16,53 m^2	2	260 kg	193 kg	453 kg	34 l	Continental A-40-4
Piper J3C-50 Cub	10,74 m	6,78 m	2,03 m	16,53 m^2	2	288 kg	211 kg	499 kg	45 l	Continental A-50-1
Piper L-3C-50	10,74 m	6,78 m	2,03 m	16,53 m^2	2	288 kg	211 kg	499 kg	45 l	Continental A-50
Piper J3C-65 Cub	10,74 m	6,82 m	2,03 m	16,58 m^2	2	308 kg	245 kg	553 kg	45 l	Continental A-65-1
Piper J4 Cub Coupe	11,00 m	6,85 m	2,08 m	17,00 m^2	2	322 kg	222 kg	544 kg	60 l	Continental A-50/1-3
Piper J3P-50 Cub	10,74 m	6,79 m	2,03 m	16,53 m^2	2	285 kg	214 kg	499 kg	45 l	Lenape Papoose LM3
Piper J4 E Cub Coupe	11,00 m	6,85 m	2,08 m	17,00 m^2	2	392 kg	242 kg	634 kg	94 l	Continental A-75-9
Piper L-4 C-65 D/NE-1	10,74 m	6,82 m	2,03 m	16,58 m^2	2	308 kg	245 kg	553 kg	45 l	Continental A-65-1
Piper J5A-75 Cub Cruiser	10,82 m	6,85 m	2,08 m	16,65 m^2	3	372 kg	286 kg	658 kg	95 l	Continental A-75-8
Piper J5C Cub/L-14, AE1	10,82 m	6,85 m	2,08 m	16,65 m^2	3	372 kg	286 kg	658 kg	95 l	Continental A-75-8
Piper PA-11 Cub Special	10,70 m	6,80 m	2,03 m	16,58 m^2	2	340 kg	213 kg	553 kg	45 l	Continental C-90-8
Piper PA-12 Cub Super Cruiser	10,82 m	6,96 m	2,08 m	16,65 m^2	3	432 kg	363 kg	795 kg	128 l	Lycoming O-235 C1
Piper PA-14 Family Cruiser	10,82 m	7,06 m	1,96 m	16,66 m^2	4	463 kg	376 kg	839 kg	144 l	Lycoming O-235 C1
Piper PA-15 Vagabond	8,92 m	5,69 m	1,82 m	13,70 m^2	2	281 kg	217 kg	498 kg	46 l	Lycoming O-145 B2
Piper PA-16 Clipper	8,92 m	6,12 m	1,88 m	13,70 m^2	4	382 kg	362 kg	748 kg	128 l	Lycoming O-235 C1
Piper PA-17 Vagabond	8,92 m	5,69 m	1,82 m	13,70 m^2	2	281 kg	217 kg	498 kg	46 l	Lycoming O-145 B2
Piper PA-18-95 Super Cub	10,75 m	6,82 m	2,02 m	16,58 m^2	2	381 kg	209 kg	590 kg	68 l	Continental C-90-8F
Piper PA-18-105 Super Cub	10,75 m	6,82 m	2,02 m	16,58 m^2	2	381 kg	209 kg	590 kg	68 l	Lycoming O-235 C1
Piper PA-19 Super Cub	10,75 m	6,82 m	2,02 m	16,58 m^2	2	381 kg	209 kg	590 kg	68 l	Continental C-90-8F
Piper PA-20-135 Pacer Vagabond	8,92 m	6,21 m	1,89 m	13,70 m^2	4	449 kg	431 kg	880kg	136 l	Lycoming O-290-D
Piper PA-22-150 Tri Pacer	8,92 m	6,25 m	2,54 m	13,70 m^2	4	498 kg	408 kg	906 kg	136 l	Lycoming O-320-A2B
Piper L-18 C Super Cub	10,75 m	6,82 m	2,02 m	16,58 m^2	2	381 kg	209 kg	590 kg	68 l	Continental C-90-8F
Piper PA-18-125 Super Cub	10,75 m	6,82 m	2,02 m	16,58 m^2	2	383 kg	297 kg	680 kg	68 l	Lycoming O-290
Piper L-21 A	10,75 m	6,82 m	2,02 m	16,58 m^2	2	383 kg	297 kg	680 kg	68 l	Lycoming O-290
Piper PA-18-135 Super Cub	10,75 m	6,82 m	2,02 m	16,58 m^2	2	383 kg	297 kg	680 kg	68 l	Lycoming O-290-D2
Piper L-21 B	10,75 m	6,82 m	2,02 m	16,58 m^2	2	383 kg	297 kg	680 kg	68 l	Lycoming O-290-D
Piper PA-18-150 Super Cub	10,75 m	6,82 m	2,02 m	16,58 m^2	2	422 kg	372 kg	794 kg	136 l	Avco Lycoming O-320-A2A
Piper PA-18-180 Super Cub	10,75 m	6,82 m	2,02 m	16,58 m^2	2	567 kg	476 kg	1043 kg	136 l	Avco Lycoming O-360-A3A

Anm.: Aus Gründen der Vereinfachung und besseren Verständlichkeit beziehen sich Leistungsangaben auf hp oder PS. hp und PS wurden 1:1 gleich gesetzt. 1 hp = 1,01387 PS. Die marginalen Unterschiede wurden vernachlässigt. Die Start- und Landestrecken wurden erst nach dem Zweiten Weltkrieg über 15 m gemessen. Ältere Angaben beziehen sich auf die reinen Rollstrecken bis zum Abheben, bzw. nach dem Aufsetzen!

Leistung	Steigleistung	Startstrecke über 15 m Hindernis	Landestrecke über 15 m Hindernis	Reise-geschwindigkeit V_C	Überzieh-geschwindigkeit V_S	Höchstzulässige Geschwindigkeit V_{NE}	Dienstgipfel-höhe	Reichweite	Erstflug
90/135 hp	850 ft/min	k.A.	k.A.	86 kt	33 kt	95 kt	k.A.	500 nm	1928
66,2 kW (90 hp)	750 ft/min	k.A.	k.A.	78 kt	33 kt	95 kt	k.A.	400 nm	1928
27,2 kW (37 hp)	400 ft/min	120 ft	95 ft	54 kt	24 kt	61 kt	12 000 ft	180 nm	1930
27,2 kW (37 hp)	400 ft/min	125 ft	100 ft	54 kt	24 kt	61 kt	12 000 ft	210 nm	1935
29,4 kW (40 hp)	425 ft/min	125 ft	100 ft	61 kt	25 kt	74 kt	10 000 ft	210 nm	1938
36,8 kW (50 hp)	500 ft/min	100 ft	150 ft	69 kt	30 kt	79 kt	10 000 ft	250 nm	1938
36,8 kW (50 hp)	500 ft/min	100 ft	150 ft	69 kt	30 kt	79 kt	10 000 ft	250 nm	1938
47,8 kW (65 hp)	450 ft/min	k.A.	k.A.	64 kt	33 kt	76 kt	11 500 ft	250 nm	1938
36,8 kW (50 hp)	480 ft/min	300 ft	200 ft	72 kt	31 kt	80 kt	10 500 ft	325 nm	1938
36,8 kW (50 hp)	500 ft/min	100 ft	150 ft	69 kt	30 kt	80 kt	12 000 ft	270 nm	1939
55,2 kW (75 hp)	480 ft/min	k.A.	k.A.	83 kt	35kt	91 kt	12 000 ft	460 nm	1939
47,8 kW (65 hp)	450 ft/min	k.A.	k.A.	64 kt	33 kt	76 kt	11 500 ft	250 nm	1940
55,2 kW (75 hp)	400 ft/min	k.A.	k.A.	70 kt	37 kt	83 kt	13 000 ft	300 nm	1940
55,2 kW (75 hp)	400 ft/min	k.A.	k.A.	70 kt	37 kt	83 kt	13 000 ft	385 nm	1944
66,2 kW (90 hp)	450 ft/min	475 ft	550 ft	64 kt	33 kt	76 kt	16 000 ft	350 nm	1946
73,5 kW (100 hp)	510 ft/min	720 ft	470 ft	91 kt	42 kt	100 kt	12 600 ft	300 nm	1946
84,6 kW (115 hp)	600 ft/min	1660 ft	1390 ft	96 kt	40 kt	107 kt	12 500 ft	500 nm	1948
47,8 kW (65 hp)	510ft/min	1570 ft	1280 ft	78 kt	39 kt	89 kt	10 000 ft	255 nm	1948
84,6 kW (115 hp)	600 ft/min	1910 ft	1440 ft	102 kt	43 kt	109 kt	11 000 ft	480 nm	1949
47,8 kW (65 hp)	510ft/min	1572 ft	1280 ft	78 kt	39 kt	89 kt	10 000 ft	250 nm	1948
69,9 kW (95 PS)	700 ft/min	750 ft	800 ft	97 kt	36 kt	97 kt	15 000 ft	360 nm	1949
77,2 kW (105 PS)	700 ft/min	575 ft	800 ft	97 kt	36 kt	97 kt	15 000 ft	270 nm	1949
69,9 kW (95 PS)	700 ft/min	650 ft	600 ft	97 kt	36 kt	97 kt	15 000 ft	360 nm	1949
99,3 kW (135 PS)	800 ft/min	1788 ft	1187 ft	108 kt	42 kt	120 kt	15 000 ft	580 nm	1949
111,9 kW (152 PS)	800 ft/min	1500 ft	1250 ft	111 kt	43 kt	120 kt	16 000 ft	528 nm	1950
69,9 kW (95 PS)	700 ft/min	750 ft	800 ft	97 kt	36 kt	97 kt	15 000 ft	360 nm	1950
91,9 kW (125 PS)	870 ft/min	510 ft	600 ft	96 kt	42 kt	108 kt	19 500 ft	250 nm	1952
91,9 kW (125 PS)	1 000 ft/min	510 ft	600 ft	96 kt	42 kt	108 kt	19 500 ft	250 nm	1952
99,3 kW (135 PS)	1 050 ft/min	500 ft	600 ft	97 kt	33 kt	108 kt	19 500 ft	500 nm	1952
99,3 kW (135 PS)	1 050 ft/min	500 ft	600 ft	97 kt	33 kt	108 kt	19 500 ft	500 nm	1952
111,9 kW (152 PS)	960 ft/min	500 ft	725 ft	100 kt	37 kt	132 kt	19 000 ft	460 nm	1954
132 kW (180 PS)	1 200 ft/min	623 ft	328 ft	97 kt	45 kt	132 kt	19 000 ft	k.A.	1980

Dreiseitenansicht
J3 Cub

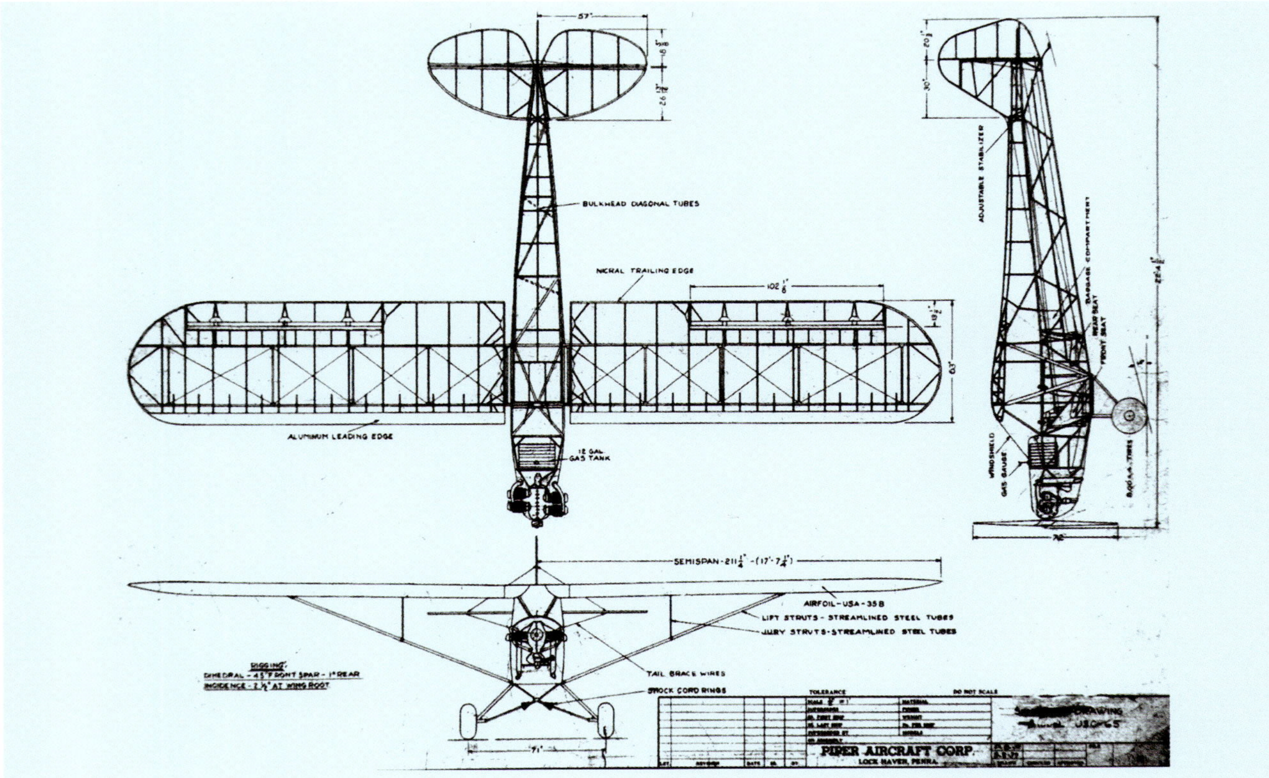

Dreiseitenansicht
J4 Cub Coupe

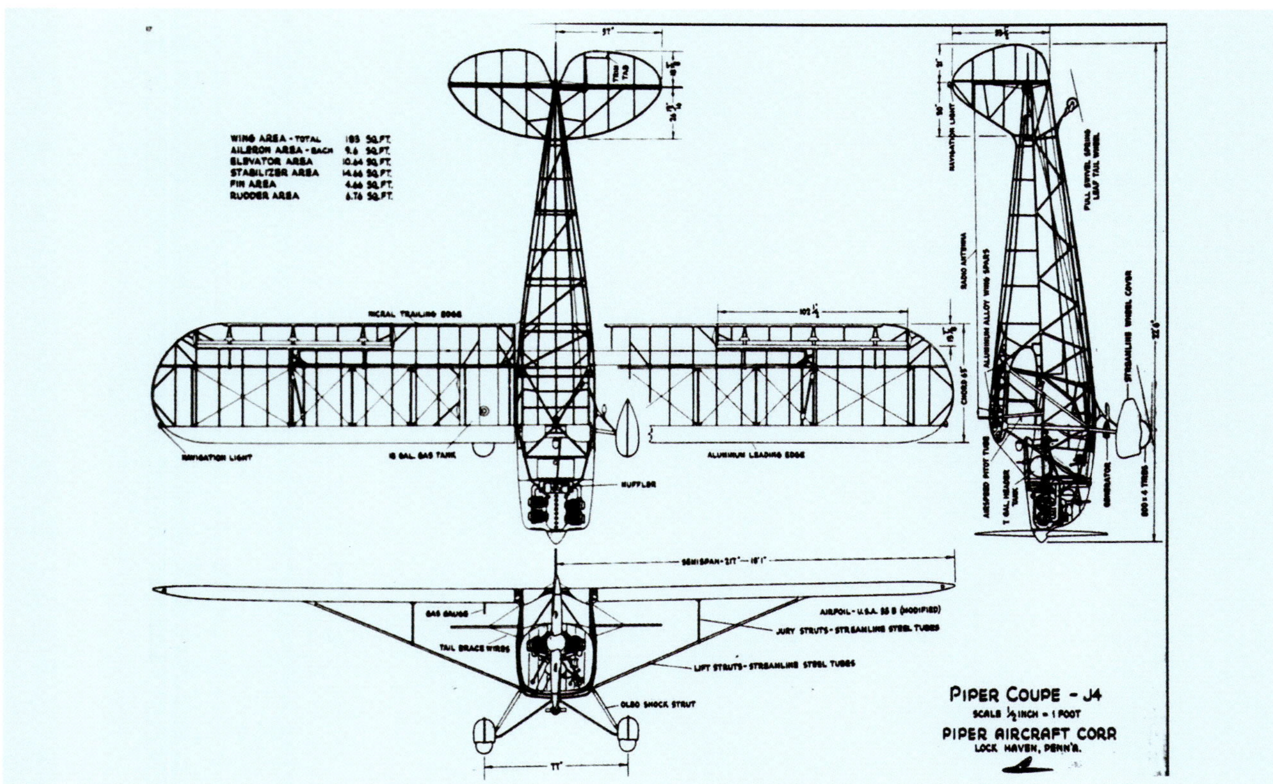

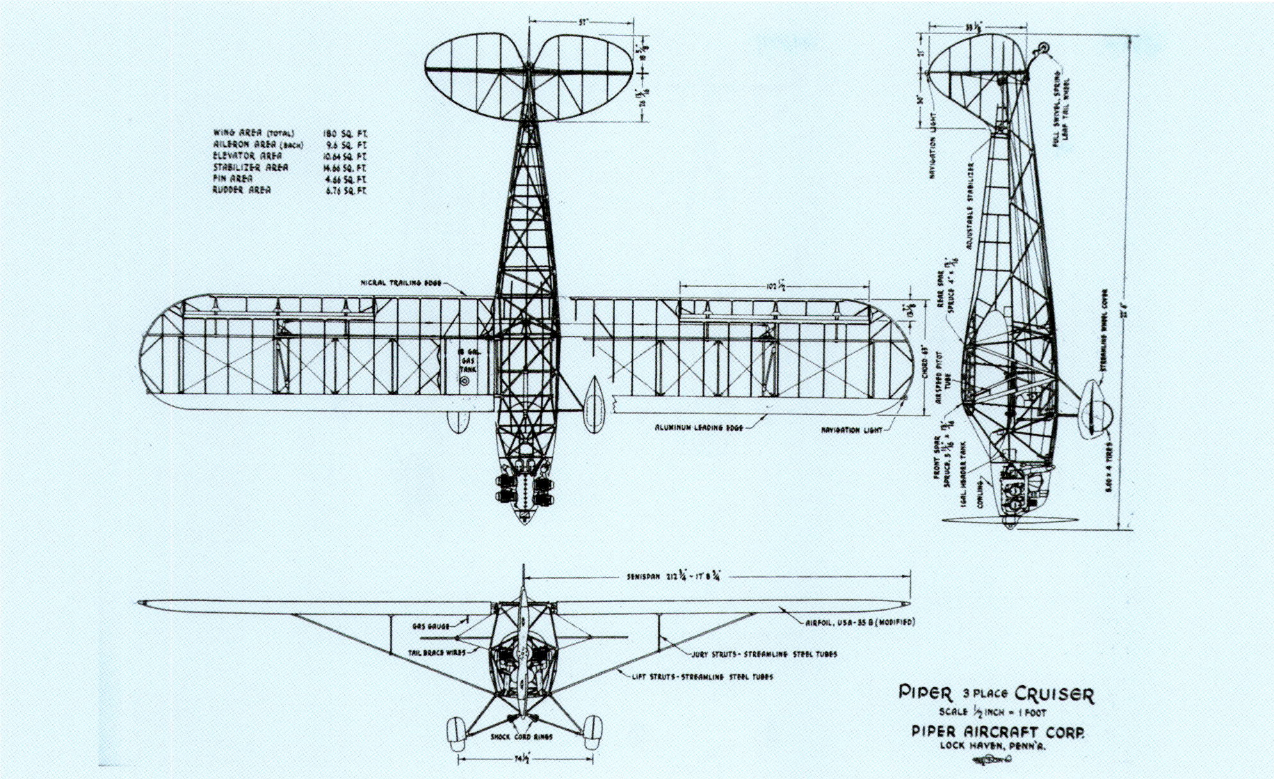

Dreiseitenansicht
J5 Cruiser

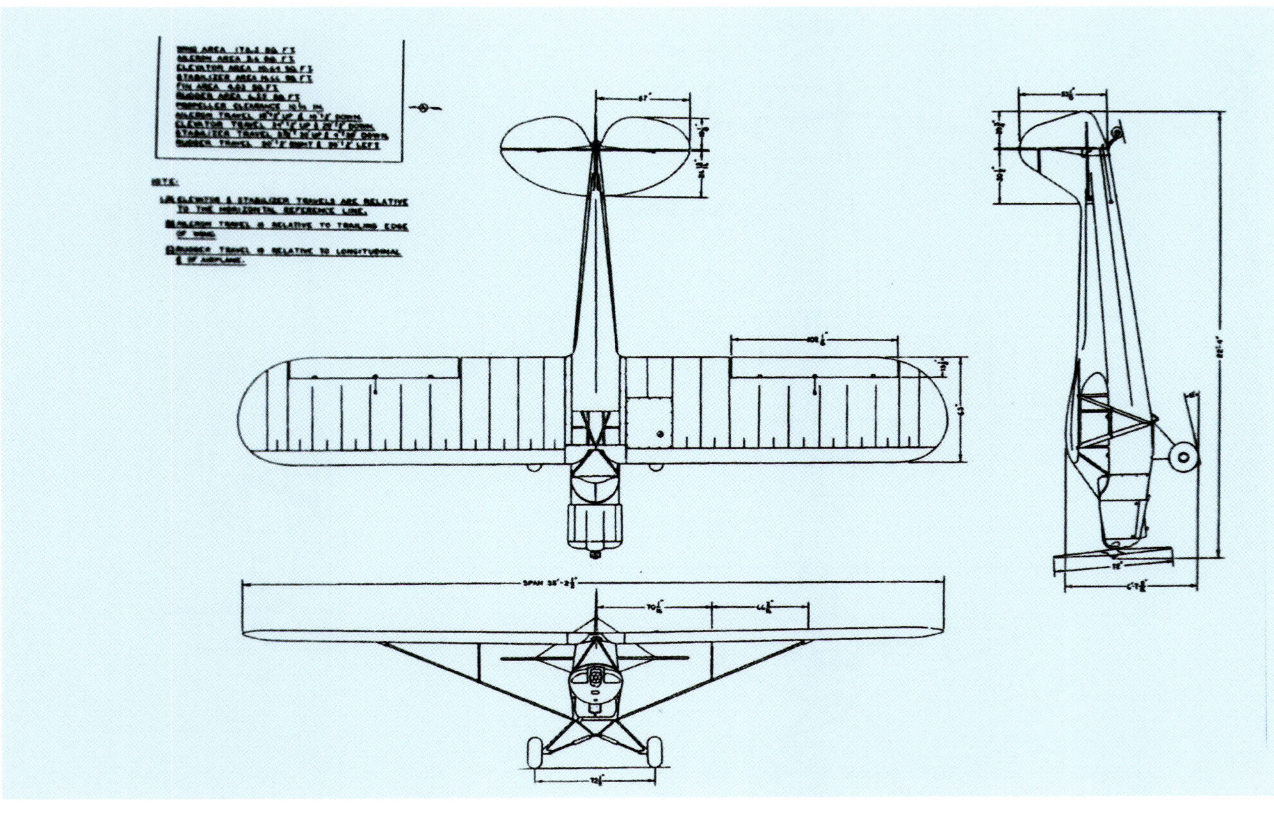

Dreiseitenansicht
PA 11 Cub Spezial

Dreiseitenansicht PA-12 Cub Super Cruiser

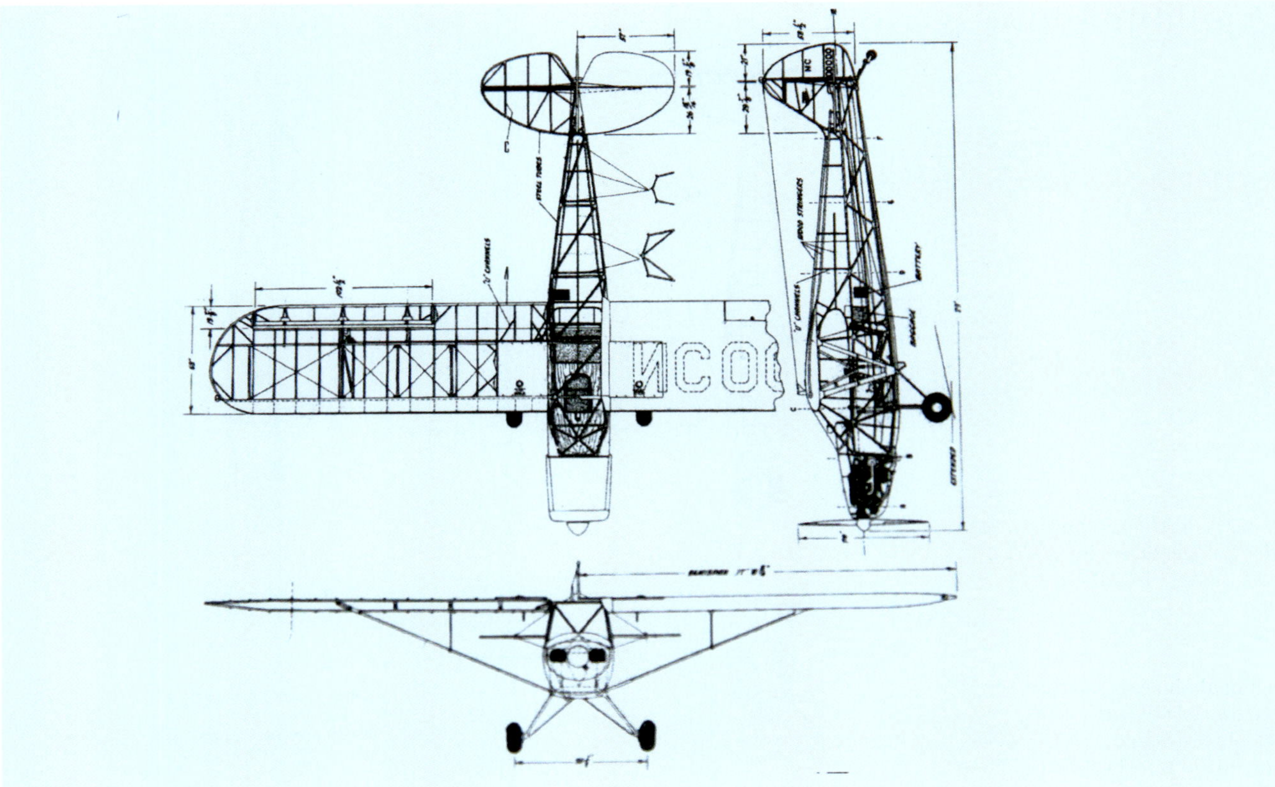

Dreiseitenansicht PA-18 Super Cub

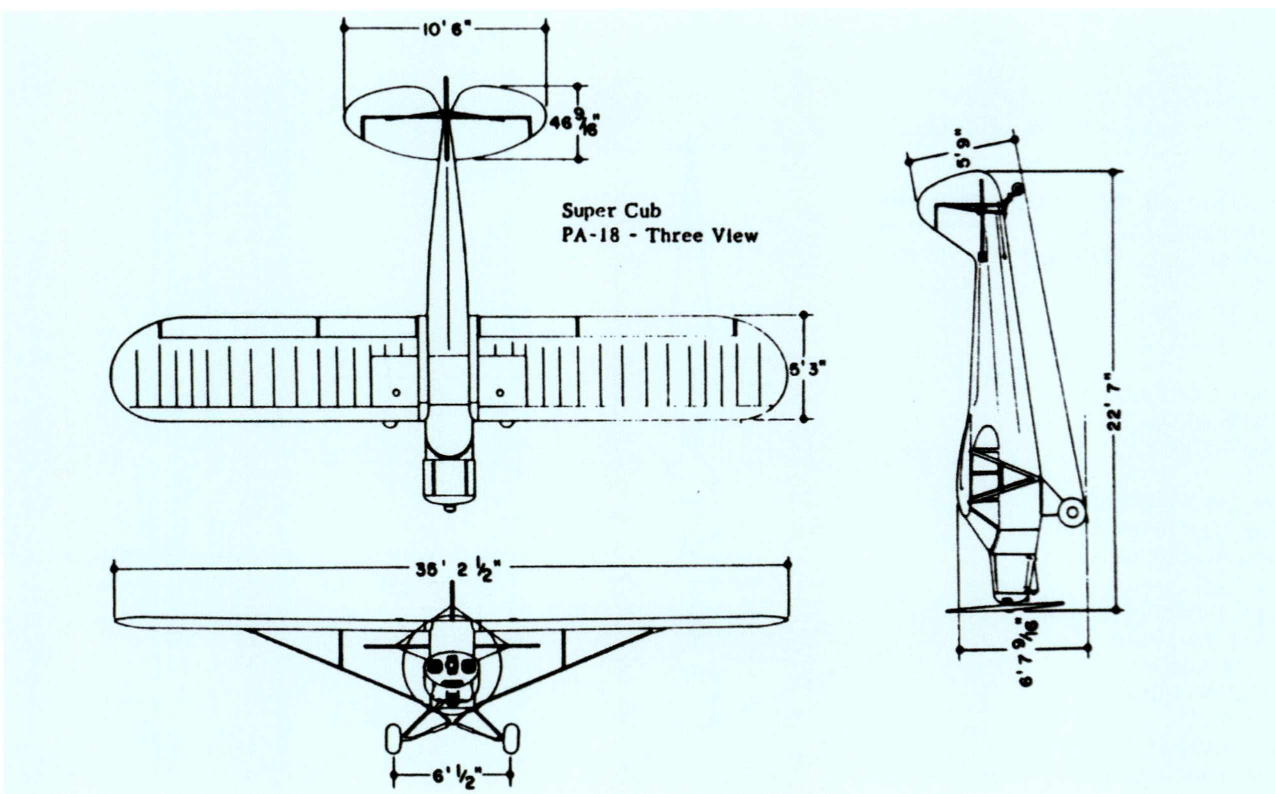

Quellennachweis

Air Force Historical Research Agency
600 Chennault Circle, Bldg 1405
Maxwell AFB, AL 36112-6424
USA

Experimental Aircraft Association
EAA Aviation Center
3000 Poberezny Rd.
Oshkosh, WI 54902
USA
Tel. 001-920-426-4800
Fax 001-920-426-6761
www.eaa.org

FAA Headquarters
Federal Aviation Administration
800 Independence Ave, SW
Washington, DC 20591
USA
www.faa.gov

National Museum of the U.S. Air Force
1100 Spaatz Street
Wright-Patterson AFB OH 45433 (near Dayton)
Tel. 001 (937) 255-3286
www.nationalmuseum.af.mil/

National Air and Space Museum
Independence Ave at 6th St, SW, Washington, DC 20560
Tel. 001-202-633-2214
Steven F. Udvar-Hazy Center
14390 Air and Space Museum Parkway, Chantilly, VA 20151
Tel. 001-703-572-4118

Piper Aircraft, Inc.
2926 Piper Drive
Vero Beach, Florida 32960
USA
Tel. 001-772-567-4361
www.piper.com

Piper Aviation Museum
One Piper Way
Lock Haven, PA 17745
USA
Tel. 001-570-748-8283
Fax: 001-570-893-8357
www.pipermuseum.com

Piper Generalvertretung Deutschland AG
Flughafen Kassel
34379 Calden
Tel. 05674-704-0
Fax
05674-704-45
www.piper-germany.de

Smithsonian National Air and Space Museum
P.O. Box 37012
SI Building, Room 153, MRC 010
Washington, D.C. 20013-7012
Tel.001 202-633-1000
www.si.edu

Loni Habersetzer
loni@cubdriver749er.com
www.cubdriver749er.com

Peter Brotschi
Aviatik Journalist
Däderiz 49 F
CH-2540 Grenchen
www.peterbrotschi.ch

Roger. W. Peperell
Piper Aircraft (2006)
Air-Britain (Historians) Ltd.
41 Penshurst Road Leigh Tonbridge
Kent TN11 8HL United Kingdom
Tel. +44 01732 835637
Fax +44 01732 835637
www.air-britain.co.uk

Volker K. Thomalla
Piper Cub, Super Cub (1991)
Die Geschichte der klassischen Piper-Flugzeuge.
Aviatic-Verlag, Planegg

Adressen

Air-Britain (Historians) Ltd.
41 Penshurst Road Leigh Tonbridge
Kent TN11 8HL, United Kingdom
Tel. +44 01732 835637
Fax +44 01732 835637
www.air-britain.co.uk

Air Force Historical Research Agency
600 Chennault Circle, Bldg 1405
Maxwell AFB, AL 36112-6424, USA
Tel. 001-206-342-4242
www.afhra.af.mil

Aerocet
Composite Aircraft Floats
265 Shannon Ln.
Priest River, ID 83856, USA
Tel. 001-208-448-0400
Fax 001-208-448-1644
www.aerocet.com

Aeroclub Megeve
aeroclub-megeve@wanadoo.fr
www.megeve .com

Airframes Alaska
Birchwood Airport
20130 Birchwood Loop Spur
Chugiak, AK 99567, USA
P.O. Box 670989
Tel. 001-907-688-0530
Fax 001-907-688-0532

Alaskafloats
Don Lee
don@alaskafloats.com
www.alaskafloats.com

American Legend Aircraft Company
1810 Piper Lane
Sulphur Springs, TX 75482, USA
Tel.001-903-885-7000
Fax001-903-438-9933
www.legend.aero

American Champion Aircraft
Blue Yonder Aviation Limited
Hanger3 Lodge Farm, Nightingale Hall Road, Earls Colne
Airfield, Colchester, Essex CO6 2NR
Tel: [+44] (0) 1787 224290 Fax: [+44] (0) 1787 224843
sales@blueyonderaviation.co.uk

Aviat Aircraft Inc.
672 S. Washington
P.O. Box 1240
Afton WY 83110
Tel. 001-307-885-3151
www.aviataircraft.com

Cub Crafters, Inc.
1918 South 16th Avenue
Yakima, WA 98903, USA
Tel. 001-509-248-9491
Fax 001-509-248-1421
www.cubcrafters.com

Experimental Aircraft Association
EAA Aviation Center
3000 Poberezny Rd.
Oshkosh, WI 54902, USA
Tel.001-920-426-4800
Fax 001-920-426-6761
www.eaa.org

FAA Headquarters
Federal Aviation Administration
800 Independence Ave, SW
Washington, DC 20591, USA
www.faa.gov

Fisher Flying Products Inc.
P.O. Box 68, Cheltenham Stn.
Caledon, ON
L7C 3L7 Canada
Tel. 001-905-838-1050
Fax 001-416-352-5718
www.fisherflying.com

Flugschule Beromünster
www.flubag.ch
Lycoming Engines
652 Oliver Street
WilliamsPort, PA 17701
Tel. 001-570-323-6181
www.lycoming.com

Mecanair SA
Aerodrome
CH-1730 Ecuvillens
Tel: +41-26-4119230
Fax: +41-26-4119239
www.mecanair.ch

National Air and Space Museum
Independence Ave at 6th St, SW, Washington, DC 20560
Tel. 001-202-633-2214

Steven F. Udvar-Hazy Center
14390 Air and Space Museum Parkway, Chantilly, VA 20151
Tel. 001-703-572-4118

National Museum of the U.S. Air Force
1100 Spaatz Street
Wright-Patterson AFB OH 45433, USA
Tel. 001-937-255-1337, -1386, -1283
Fax 001-937-255-0523
www.nationalmuseum.af.mil/

Piper Aircraft, Inc.
2926 Piper Drive
Vero Beach, Florida 32960, USA
Tel. 001-772-567-4361
www.piper.com

Piper Owner Society
N7450 Aanstad Rd.
Iola, WI 54945, USA
Tel. 001-866-697-4737
www.piperowner.org

Piper Generalvertretung Deutschland AG
Flughafen Kassel
34379 Calden
Tel. 0-5674-704-0
Fax: 0-5674-704-45
www.piper-germany.de

Piper Österreich GmbH
Flugplatz Vöslau
A- 2540 B Vöslau
Tel. +43 (0) 2252-790 894
Fax +43 (0) 2252-790849
www.piper-austria.at

Piper Memorial Airport
353 Proctor St.
Lock Haven, PA 17745, USA
Tel. 001-570-748-5123
Fax 001-570-893-4218
www.piperairport.com

Piper Aviation Museum
One Piper Way
Lock Haven, PA 17745, USA
Tel. 001-570-748-8283
Fax 001-570-893-8357
www.pipermuseum.com
Short Wing Piper Club, Inc.
P.O. Box 10822
Springfield, MO 65808-0822 USA
www.shortwing.org

Smithsonian National Air and Space Museum
PO Box 37012
SI Building, Room 153, MRC 010
Washington, D.C. 20013-7012, USA
Tel. 001-202-633-1000
www.si.edu

The Wag Aero Group
Lyons, Wisconsin 53148 USA
Tel. 001-262-763-9586
Fax 001-262-763-7595
www.wagaero.com

Trial
Ronny Schäfer
X-Ray Flugsportzentrum Leipzig
Granitstrasse 29
04425 Taucha
Tel. 34298 13965
Tel. 0172 3428888
www.propellermann.de
info@propellermann.de

Troyes Aviation Sarl
Aerodrome de Barberey
F-10600 La Chapelle St. Luc
Tel. +33-325-746 014
Fax +33-325-741 537
www.troyesaviation.com

Tom Huber-Leichtflugzeuge
Steinbachweg 1
82387 Antdorf
Tel. 08856 804 874 0
Fax 08856 804 874 1
www.spassvogeln.de

Univair Aircraft Corporation
2500 Himalaya Road
Aurora, Colorado 80011, USA
Tel. 001 303 375 8882
Fax 001 303 375 8888
www.univerpart.com

Wipaire Inc.
1700 Henry Avenue, So.
St. Paul, Minnesota 55075, USA
Tel. 001- 651.451.1205 or 1-888-947-2473
www.wipaire.com

Zlin Aviation sro
2 Kvetna
685 Napajedla
CzechRepublic
Tel./Fax. +42 0 577 941 250
www.zlinaero.com